Hyper-V 最佳實踐：快速建置虛擬化解決方案

在實務應用上，有關 Hyper-V 最佳化組態設定及最佳建議作法，
充分發揮 Hyper-V 虛擬化平台的高可用性、高擴充性及高效能。

Benedict Berger 著
王偉任 譯

Hyper-V最佳實踐

快速建置虛擬化解決方案

作　　者：Benedict Berger
譯　　者：王偉任
責任編輯：沈睿哖

發 行 人：詹亢戎
董 事 長：蔡金崑
顧　　問：鍾英明
總 經 理：古成泉

出　　版：博碩文化股份有限公司
地　　址：221 新北市汐止區新台五路一段112號10樓A棟
電話(02) 2696-2869 傳真(02) 2696-2867

郵撥帳號：17484299　戶名：博碩文化股份有限公司
博碩網站：http://www.drmaster.com.tw
讀者服務信箱：DrService@drmaster.com.tw
讀者服務專線：(02) 2696-2869 分機 216、238
（周一至周五 09:30 ～ 12:00；13:30 ～ 17:00）

版　　次：2016 年 5 月初版

建議零售價：新台幣 320 元
I S B N：978-986-434-119-1
律師顧問：鳴權法律事務所 陳曉鳴律師

本書如有破損或裝訂錯誤，請寄回本公司更換

國家圖書館出版品預行編目資料

Hyper-V最佳實踐 : 快速建置虛擬化解決方案 / Benedict Berger著 ; 王偉任譯. -- 初版. -- 新北市 : 博碩文化, 2016.05
面； 公分
譯自 : Hyper-V best practices

ISBN 978-986-434-119-1(平裝)

1.作業系統 2.電腦軟體

312.53　　105007979

Printed in Taiwan

博 碩 粉 絲 團

作者簡介

Benedict Berger 為具有 10 年資歷的 Hyper-V MVP，他在早期便開始使用微軟的虛擬化解決方案。特別是 Windows Server 的第一個測試版本「Longhorn」，因為具有許多亮眼的新功能，使得他想立即嘗試這樣的虛擬化解決方案。他解釋「我在那時對於 Hyper-V 技術特別感興趣，但是在當時卻沒有任何這方面的經驗，同時在德國也沒什麼人討論這部分的議題。因此，我開始在我的工作中導入這樣的虛擬化解決方案，同時不斷提升這方面的技能並獲得相關知識。我與兩位朋友在幾年前，一同創立德國的 Hyper-V 社群，以便在德國能進一步推動這方面的議題，同時分享這些導入過程的技術經驗」。

目前任職於 Elanity Network Partner GmbH 公司，並擔任解決方案技術顧問一職。Elanity 在德國是一家提供雲端 IT 服務的廠商，這是他夢寐以求的工作，他透過 Windows Server Hyper-V、System Center、Microsoft Azure 幫助客戶建立 IT 解決方案，並且針對企業或組織的商務流程及需求，部署出能夠真正動態管理的私有雲及公有雲環境，而非只是單純的將系統虛擬化而已。在加入 Elanity 公司之前，他曾在德國金融服務供應商及全球汽車龍頭德國福斯任職。

他是各項大型會議的常任講師，例如，System Center Universe DACH、E2EVC Virtualization Conference、Microsoft TechEd……等，以柏林的 TechNet Conference 研討會來說，當時便有超過 500 位專家參與該場技術研討會。

他所主持的 German Virtualization 部落格（`http://blogs.technet.com/b/germanvirtualizationblog/`），以及個人維護的部落格（`http://blog.benedict-berger.de`），都有許多值得深入閱讀的技術文章。同時，他也是 PDT（PowerShell Deployment Toolkit）GUI 自動化部署工具的建立者。

致謝

首先，我要感謝我的妻子 Carina。如果，沒有她無時無刻的支持，這本書便不可能誕生。

我非常感謝，在社群中大家不斷對 Hyper-V 最佳作法提出各項建議，以便將 Hyper-V 虛擬化技術推向至偉大的虛擬化解決方案。此外，特別感謝 Microsoft 及其它 Hyper-V MVP 們，花費大量的時間在虛擬化解決方案上讓它能夠更趨完美。

非常感謝眾多審校者的幫忙，他們花費許多時間審校並確認內容的正確性，尤其是 Hyper-V 的資深 PM Benjamin Armstrong，雖然他忙於打造下一代 Hyper-V 虛擬化平台，但是他仍然抽出寶貴的時間幫忙審校本書。此外，感謝本書的審校者 Andreas Baumgarten、Carsten Rachfahl、Shannon Fritz 以及 Carlo Mancini ……等人的努力，才能夠讓本書完美呈現在您的眼前 !!

同時，我也要感謝我的公司 Elanity Network Partner GmbH，以及我的老板 Peter Schröder 及 Andreas Waltje，允許我有時間及資源能夠推廣 Hyper-V 社群，同時也讓這本書能夠完成。

我也要感謝 Elanity 團隊中的同事，尤其是 Natascha Merker 不斷支持我鼓勵我寫這本書，以及 Kamil Kosek 透過他高超的 PowerShell 管理技能，確保本書當中自動化章節內容的可看性。

最後，我也想感謝 Packt Publishing 團隊，感謝他們接受我撰寫本書，並且在撰寫過程中的大力支持讓本書能順利出版。

審校者簡介

Benjamin Armstrong 是微軟 Hyper-V 產品的資深 PM，他在虛擬化技術的領域已經工作超過 10 年了，同時也是大家在網路世界中熟悉的「Virtual PC Guy」。

Andreas Baumgarten 為 Microsoft MVP，他在德國一家 IT 服務供應商 H&D International Group 任職，擔任 IT 架構師的角色。他在 IT Professional 領域已經超過 20 年，精通微軟各項技術，同時他也是擁有超過 14 年教學經驗的 Microsoft Certified Trainer。

從 2008 年開始，他便負責 Microsoft System Center 的技術諮詢，同時他也參加 Microsoft System Center Service Manager 2010、2012 以及 2012 R2 產品測試。此外，他也將 Microsoft System Center Orchestrator 2012 及 2012 R2 等產品技術，應用於 H&D 當中。

也因為他具備 Microsoft System Center 產品的豐富經驗，以及深入微軟各項產品及 IT 管理的解決方案。因此，他現在負責為德國及歐洲的客戶們，設計及開發專屬的混合雲解決方案。

從 2012 年 10 月開始 2013、2014、2015 以及 2016，皆獲得 Microsoft Most Valuable Professional（MVP）的殊榮，獲選項目為 System Center Cloud and Datacenter Management。

同時，Andreas 也是位作家，他的著作有《Microsoft System Center 2012 Service Manager Cookbook》、《Microsoft System Center 2012 Orchestrator Cookbook》以及《Microsoft System Center 2012 R2 Compliance Management Cookbook》。

Shannon Fritz 為 Microsoft Enterprise Security 項目的 MVP，任職於 Concurrency, Inc 公司，為雲端資料中心解決方案架構師及團隊負責人，負責微軟解決方案的系統整合諮詢顧問。他的專長領域為 Windows Server 平台解決方案，包括 Hyper-V、Remote Desktop Services、DirectAccess 以及其它相關服務。Shannon 擁有的微軟認證有 MCP、MCSA、MCITP、MCSE。同時，他也是一位知名的部落客及技術專欄作家，他撰寫的個人著作為《Microsoft DirectAccess Best Practices and Troubleshooting》。

首先，我要感謝我的妻子 Megan，她總是不斷啟發、鼓勵、激勵著我，她讓我及孩子們從日常生活中了解到，不管短期或長期來說每件事情的決定，對於日後都有著不同層面的影響，只要保持專注並朝著目標不斷努力，最後一定會得到回報。我愛妳，謝謝。此外，我也要感謝我的公司 Concurrency, Inc，很高興能夠在這個團隊並擔任技術諮詢及顧問的工作。

Carlo Mancini 是超過 15 年經驗的系統管理員，並且從 2007 年 PowerShell 發佈時，便開始專注在 PowerShell 的管理工作上。

隨著時間不斷的推移，他已經擁有非常高階的開發技能，並且取得多項認證如 VCP 5、MCSE、MCDBA 以及 HP Openview Certified Consultant。

他是 2013 年 PowerShell Scripting 競賽的獲獎者之一。目前，在 European IT companies 公司任職，負責維護及管理虛擬及實體 IT 基礎架構。

他是各大技術論壇的傑出貢獻者，同時也是一位知名的部落客，讀者可以在他的部落格當中發現許多值得參考的技術文章 `http://www.happysysadm.com`。

Charbel Nemnom 為 Microsoft Hyper-V 項目的 MVP，在 SABIS® Educational Services 公司任職，擔任 IT 技術經理及 IT 團隊的負責人。他曾經在銀行、教育單位、出版業，擔任過系統及網路工程師及資深技術顧問，擁有超過 13 年 IT 領域的專業經驗，以及企業及組織中最佳化系統效能的顧問經驗。他從 2009 年開始，便專注於 Microsoft Hyper-V Server 虛擬化技術到現在。

他是位 Hyper-V 技客，也是知名的部落客 `http://charbelnemnom.com`。在他的部落格當中，經常討論有關 Hyper-V 社群與 Hyper-V 及 System Center 等技術內容。

他是微軟認證解決方案專家，同時擁有其它認證如 MCP、MCSA、MCTS、MCITP、MCS 以及 MCSE。你也可以關注他的 Twitter `@CharbelNemnom`。

首先，我要感謝家庭對我無私的奉獻，尤其是我的妻子 Ioana，如果沒有她的耐心及支持，我是不可能單靠我的熱情實現夢想的。

最後，我也要感謝 Packt 出版團隊對所有寫作者的協助，以及對本書的支持及鼓勵。

Carsten Rachfahl 從 1988 年開始他的 IT 職業生涯，工作的內容是將 X-Windows 移植到 OS/9 系統上。在 1991 年時，他在德國創立自己的公司，並從 2001 年開始專注於 Citrix/Terminal Server 虛擬化領域。當微軟也開始投入虛擬化領域並打造 Hypervisor 之後，他也開始全力投入微軟的虛擬化領域。在他的個人部落格 `http://www.hyper-v-server.de` 當中，有許多針對微軟私有雲的教學文章、實作截圖、視訊訪談……等，在虛擬化技術社群中受到大家熱烈的讚賞，作為德國 Hyper-V 社群創辦者之一，他也定期舉辦各種活動。另外，身為一位 MCT 講師，他除了教授各種微軟虛擬化課程之外，也創造出獨一無二的「Hyper-V Powerkurs」課程，同時也常在德國及歐洲的大型研討會中擔任講師。他從 2011 年開始 2012、2013、2014、2015 以及 2016，皆獲得 Microsoft Most Valuable Professional（MVP）的殊榮，獲選項目為 Hyper-V。

我要感謝我的妻子 Kerstin，以及我可愛的小孩 Ian 及 Ina。如果，沒有她們的理解及持續支持及鼓勵的話，我一定無法單靠熱情實現夢想的。

譯者序

過去，在企業或組織的資料中心內「**運算（Compute）/ 儲存（Storage）/ 網路（Network）**」，這 3 種實體資源都還是各自分開的，相關領域的 IT 管理人員在企業中也各據一方。然而，就在「**虛擬化（Virtualization）**」技術風潮的帶動下，過去相關資源各自獨立的潛規則已經被打破了。

微軟從 2008 年 6 月發佈 Windows Server 2008（Hyper-V 1.0），接著在 2009 年 10 月發佈 Windows Server 2008 R2（Hyper-V 2.0），然後在 2012 年 9 月發佈 Windows Server 2012（Hyper-V 3.0），經過多年的演變後 Hyper-V 已經是非常成熟的虛擬化平台，並且在虛擬化市場中也佔有一席之地。

但是，相信許多 Hyper-V 管理人員遭遇到的難題，可能並非建置 Hyper-V 虛擬化平台，或是 Failover Cluster 容錯移轉叢集運作環境，而是當 Hyper-V 虛擬化平台建構完畢，開始上線提供營運服務時才逐漸發現，企業或組織的應用服務可能發生效能不佳或回應過慢的情況。但是，導致效能不佳或回應過慢的結果，是因為 CPU、Memory、Networking、Storage 硬體資源規劃不當？應用程式本身程式碼有問題？虛擬化基礎架構設計不良？管理人員操作不當？…等。因此，在本書當中除了教導你正確的規劃設計概念之外，同時教導你如何採用正確的效能計數器，幫助你找出 Hyper-V 虛擬化運作環境中，導致企業或組織應用服務效能不佳或回應過慢的元兇。

事實上，在 Gartner 研究報告中，佔有 PaaS 領域最佳領導者是 Salesforce，而 IaaS 領域則是 Amazon AWS，在 Virtualization 領域的部分則是 VMware。然而，不知大家是否已經注意到了，微軟在這些領域當中雖然並非第 1 名的領導者，但是每項都落在 Gartner 評鑑的領導者象限當中，這表示它在每方面都顧及到企業及組織的需求，而非只是單一項目領先而已。

雖然，目前在雲端運算的市場中，仍屬戰國時代各家廠商都各有所長。然而，微軟的 Hyper-V 在私有雲領域已經佔有足夠的市場，Microsoft Azure 在公有雲領域也已經漸趨完整，微軟在私有雲及公有雲領域都已經站穩腳步，相信採用微軟解決方案的企業或組織，將能建構出最符合企業在成本、架構、彈性、高可用性條件下的「**混合雲（Hybrid Cloud）**」架構，至於雲端運算的市場後續將會如何演變就讓我們一起拭目以待。

這是個雲端群雄並起的時代，就讓我們一同投身其中感受最混亂的時代卻又是最好的時機吧！

王偉任（weithenn.org）
Microsoft MVP 2012 ~ 2016
VMware vExpert 2012 ~ 2016

目錄

前言

Windows Server 2012 R2 及 Hyper-V Server 2012 R2，都提供最好的 Hyper-V 虛擬化平台功能。在 Hyper-V 當中第 2 世代格式的 VM 虛擬主機，除了安全性增強之外啟動作業系統的時間更短，並且有效縮短 VM 虛擬主機安裝客體作業系統的時間，同時還能自動啟用客體作業系統軟體授權，同時在 2012 R2 版本當中，還有許多新增及增強的特色功能。在本書當中，我們將會教導你在實務應用上，有關 Hyper-V 最佳化組態設定及最佳建議作法，以便充分發揮 Hyper-V 虛擬化平台的高可用性、高擴充性及高效能。

本書導讀

《第 1 章： 加速 Hyper-V 部署作業》，深入剖析 Hyper-V 主機理想的安裝方式，進而採用全自動化安裝的 VM 模組。

《第 2 章： HA 高可用性解決方案》，深入討論有關 Hyper-V 容錯移轉叢集組態配置及最佳作法。

《第 3 章： 備份及災難復原》，從備份 Hyper-V 主機及 VM 虛擬主機的方法開始，到 Hyper-V 複本以及如何針對 Hyper-V 進行災難復原。

《第 4 章： Storage 效能規劃最佳作法》，深入剖析不同的儲存資源應用情境，對於 Windows Server 2012 R2 及 Hyper-V 的影響。

《第 5 章： Network 效能規劃最佳作法》，深入剖析不同的虛擬網路環境，對於 Windows Server 2012 R2 及 Hyper-V 的影響。

《第 6 章： Hyper-V 最佳化效能調校》，幫助你了解 Hyper-V 運作架構中，如何進行最佳化效能調校並測試運作效能。

《第 7 章： 透過 System Center 進行管理》，介紹 System Center 家族的各種角色及功能，以及如何透過 System Center 管理 Windows Server 及 Hyper-V 虛擬化環境。

《第 8 章： 遷移至 Hyper-V 2012 R2》，討論如何從舊版 Hyper-V 或其它 Hypervisors 虛擬化平台，遷移至最新版本的 Hyper-V 虛擬化環境。

閱讀本書你需要

為了能夠順利實作本書中所有範例，你應該在一台實體伺服器上安裝 Windows Server 2012 R2 作業系統，或是安裝免費版本的 Hyper-V Server 2012 R2。

誰適合閱讀此書

本書是針對具有 Hyper-V 基礎管理經驗，以及想深入了解 Hyper-V 細部功能的人而寫。

如果，在你的測試環境中已經有 Hyper-V 虛擬化環境，現在你想要將測試的 Hyper-V 虛擬化環境，轉移到正式的線上營運環境時，那麼這本書就是專為你而寫 !!

如果，你是 Hyper-V 的初學者那麼本書也值得你參考。但是，同時間你應該找一本 Hyper-V 入門的書一同閱讀及實作。

本書編排慣例

在本書當中，你將會發現針對不同的內容會有一些不同的文字編排格式，不同的文字顯示方式將傳達不同的資訊，我們將會針對下列樣式範例進行解釋。

程式碼文字、資料庫表格名稱、資料夾名稱、檔案名稱、檔案擴充功能、路徑名稱、網址、使用者輸入及 Twitter 等部分，將會類似這樣的呈現方式「當你順利新增 Hyper-V 元件完成後，自動化安裝檔案 `unattended.xml` 便會自動建立完成」。

程式碼區塊的表現方式如下：

```
<?xml version="1.0" encoding="UTF-8"?>
<component xmlns:wcm="http://schemas.microsoft.com/WMIConfig/2002/
State" xmlns:xsi="http://www.w3.org/2001/XMLSchema-instance"
language="neutral" versionScope="nonSxS" publicKeyToken="31bf3856
ad364e35" processorArchitecture="amd64" name="Microsoft-Windows-
International-Core-WinPE">
    <SetupUILanguage>
        <UILanguage>en-US</UILanguage>
    </SetupUILanguage>
    <InputLocale>en-US</InputLocale>
    <UILanguage>en-US</UILanguage>
    <SystemLocale>en-US</SystemLocale>
    <UserLocale>en-US</UserLocale>
</component>
```

指令部分的輸入及輸出結果，將以下列表現方式呈現：

```
Set-VMHOST -computername localhost -virtualharddiskpath 'D:\VMs'
Set-VMHOST -computername localhost -virtualmachinepath 'D:\VMs'
```

新技術名詞及**重要文字**將以粗體來表現，舉例來說，你在螢幕上看到選單或對話視窗時，會出現這樣的文字：「你不用擔心將密碼鍵入到 **Windows 系統映像管理員**當中，因為當檔案儲存後在密碼的部分將會自動進行加密處理」。

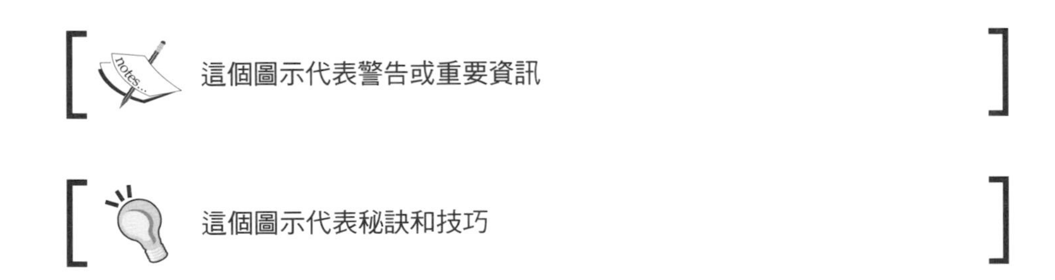

notes
這個圖示代表警告或重要資訊
這個圖示代表秘訣和技巧

1

加速 Hyper-V 部署作業

Hyper-V 虛擬化運作環境能夠部署成功，我的建議是「Keep It Smart and Simple（K.I.S.S.）」。

Andreas Baumgarten – System Center Cloud and Datacenter Management MVP

在本章中，我們將會介紹如何達成 Hyper-V 主機自動化安裝的最佳作法，以及如何建立第一台 VM 虛擬主機。你將學習到在企業或組織線上營運環境中，該如何輕鬆且快速的完成 Hyper-V 自動化部署機制。

本章將會討論的技術議題如下：

- 如何規劃 Hyper-V 主機。
- 透過 Unattended XML 檔案，達成自動化部署 Hyper-V 主機。
- VM 虛擬主機快速部署。

為什麼 Hyper-V 專案會失敗

當你開始準備部署第一台線上營運環境的 Hyper-V 主機時，你應該確保已經完成詳細且完整的規劃作業。事實上，我常常在企業或組織進入規劃階段時，便開始糾正整個規劃階段作業及流程，因為我發現最大的敗筆常常會發生在這個階段，若忽略不管的話往往要到真正部署時，才會發現問題所在然後再找相關「專家」一同進行修正，此時通常已經耽誤到整個 Hyper-V 專案的進度。因此，對於規劃階段來說，我已經設計好許多值得注意的作業項目，企業或組織要進行 Hyper-V 營運環境規劃時，都應該參考這些工作項目進行規劃。

管理人員若僅根據過去經驗來進行規劃是錯誤的，一個成功的專案規劃設計中最關鍵的兩個因素，一是真正懂規劃設計的人並不多，二是必須找尋具有 Hyper-V 實務規劃經驗的廠商。如果，你沒有這兩個關鍵因素的話，你可以瀏覽 Microsoft Pinpoint（http://pinpoint.microsoft.com）網站中，具有建置及管理虛擬化環境經驗的 Microsoft Gold Partner，同時快速瀏覽一下成功建置 Hyper-V 環境的客戶評論。如果，你覺得聘請專業人員進行建置是昂貴的話，那麼等到業餘人員搞砸營運環境時，修復金額通常會比當時建置階段昂貴許多。因此，在規劃設計階段若能聘請到專業人員協助規劃的話，那麼將能有效加速 Hyper-V 專案的進行並得到最佳化設計。

在你開始進行部署作業之前，你必須要有專業、快速、智慧化的工具，來幫助你統計及分析目前運作環境的現況。之後，根據所得到的目前環境資訊後，再開始進行規劃設計的部分。

收集運作環境資訊

企業或組織當中的 Hyper-V 專案要能成功推動，除了管理人員的技術能力之外，相關工具的選擇也是非常重要的。舉例來說，我該如何知道有多少台主機需要安裝 Hyper-V ？有多少顆 CPU 處理器？ 多少記憶體空間？ 需要多少網路頻寬？……等，為了有效且完整的回答這些問題，通常我會使用 **Microsoft Assessment and Planning Toolkit**（**MAP Toolkit**），這套免費解決方案加速器來幫助我收集及統計這些資訊，你可以透過 Microsoft 下載中心（http://bit.ly/1lzt2mJ）取得。這套 MAP Toolkit 軟體的執行畫面如下圖所示：

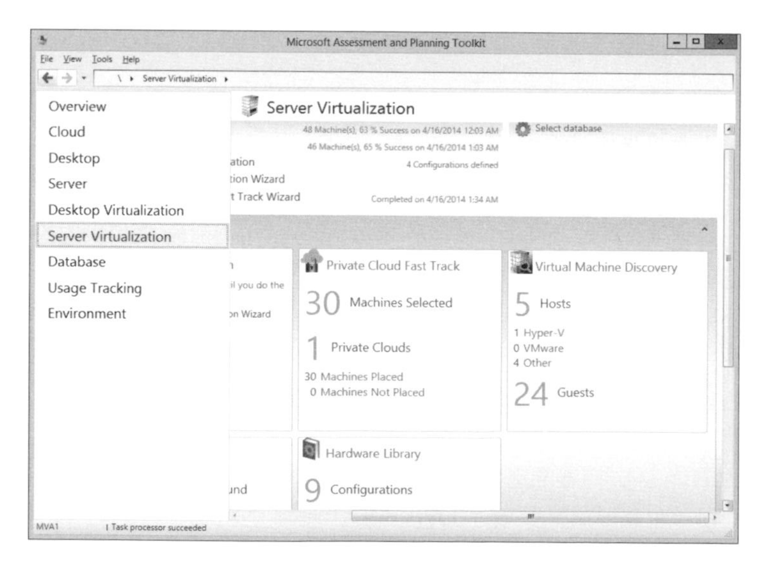

MAP Toolkit 工具非常容易安裝及使用，它可以輕鬆獲取現有運作環境，包括硬體伺服器元件完整清單、效能計數器資訊……等。當你透過 MAP Toolkit 精靈執行收集分析的動作後，便會得到目前基礎架構中軟硬體的詳細報表，以及企業及組織資料中心的使用率，包括 CPU 時脈、記憶體、儲存 I/O、網路使用率……等。MAP 工具，甚至還包括未來需求預估功能，可以根據目前硬體配置及工作負載，預估未來所需的 Hyper-V 主機硬體規格。

透過 MAP 工具，收集及分析並了解目前硬體組態配置及未來需求後，便可以選擇合適的硬體伺服器運作 Hyper-V 及 VM 虛擬主機。好消息是，市面上大部分的硬體伺服器，大多可以運作 Hyper-V 虛擬化平台，所以你可以選擇你喜歡的硬體供應商，但你應該確保你所選擇的硬體伺服器，已經獲得 Windows Server Catalog 及 Windows Server 2012 R2（`http://bit.ly/1gII6h7`）認證，表示你所選擇的硬體伺服器，已經通過完整的安裝及驗證測試程序，如此一來當你碰到因為硬體而導致的問題時，便可以獲得微軟的技術支援。如果，你被迫要使用舊版的 Hyper-V 虛擬化平台時（你應該要避免，但有可能因為軟體授權而被迫使用），你也應該要選擇通過認證的硬體伺服器。請確認硬體伺服器及相關介面卡，皆符合硬體相容性以確保後續儲存資源的規劃（詳請參考《第 4 章：Storage 效能規劃最佳作法》），以及網路環境的規劃（詳請參考《第 5 章：Network 效能規劃最佳作法》）。

在 CPU 處理器的選擇方面，通常不會有太大的問題，你只需要確保不要採用不同 CPU 供應商即可，因為採用不同 CPU 供應商的處理器，將會導致 Hyper-V 主機之間無法進行即時遷移。此外，所選擇的 CPU 處理器型號，必須要支援硬體輔助虛擬化技術（Intel VT / AMD-V）並啟用資料執行防止（XD / NX）機制。同時，強烈建議你挑選的 CPU 處理器，應該要支援第二代硬體輔助虛擬化技術，也就是**第二層位址轉譯（Second Level Address Translation，SLAT）**，它可以確保 Hyper-V 虛擬化平台運作時，能夠減少因為虛擬化而造成的硬體資源耗損。同時，為了確保能夠獲得最佳運作效能，請確認你所採購的 CPU 處理器，為 CPU 供應商所生產的最新型號以保障服務品質。此外，因為 Windows Server 2012 R2 Datacenter 軟體授權的緣故，我建議你選擇最符合企業或組織預算的 CPU 處理器（核心數），截至 2014 年初為止，目前最佳 C/P 值的選擇為單顆 CPU 處理器具備 8 運算核心。

在 Hyper-V 主機的記憶體選擇方面，請確保企業或組織所採購的記憶體模組，支援**錯誤檢查及糾正（Error Checking and Correction，ECC）**功能，並且應該選擇單 DIMM 記憶體夠大的模組，以便屆時的 Hyper-V 主機能夠擁有足夠多的記憶體空間，運作大量的 VM 虛擬主機。

至於，儲存及網路資源的部分，請參考本書中相對應的章節進行規劃設計。但是，對於 Hyper-V 主機作業系統磁碟的部分，強烈建議你使用 2 顆 SSD 固態硬碟，或是 2 顆一般機械式硬碟建立 RAID-1 後安裝作業系統，而不是與 VM 虛擬主機或其它資料共用。雖然，有些企業或組織可能希望採用 **SAN 引導啟動（Boot from SAN）** 的運作方式，但是在實務上除了複雜度較高之外，也可能會有其它問題導致運作不穩定，因此並不是最佳建議方案。事實上，在 Hyper-V 作業系統磁碟的部分，並不需要安裝在非常高效能的硬碟當中，你應該把高效能的 I/O 儲存資源，留給屆時的 VM 虛擬主機使用。

另外一項重要的議題是，應該採用大型規模但數量較少的 Hyper-V 主機，或是採用小型規模但數量較多的 Hyper-V 主機，這 2 種不同的運作規模方案都有管理上的優缺點。此外，在容錯移轉叢集運作架構中，每個 Hyper-V 叢集至少需要 3 台叢集節點主機，因為採用 2 台叢集節點主機的情況下，每台 Hyper-V 叢集節點主機便需要保留 50 % 的硬體資源，以便因應運作環境發生容錯移轉的情況。

詳細資訊請參考《第 6 章： Hyper-V 最佳化效能調校》章節，我們將會討論有關硬體伺服器組態配置，以及運作規模大小的設計準則及效能調校技巧。

準備為主機安裝作業系統

管理人員通常會在「準備安裝你的作業系統」章節中，看到你應該採用最新的硬體伺服器及最新版本的軟體，在本小節中也不例外。你在其它章節當中，並不會看到我們要求你更新驅動程式或更新介面卡韌體版本，在企業或組織的運作環境中，大部分情況下採購硬體之後，除了在開始建置階段外，通常並不會特意進行驅動程式及韌體版本的更新作業，除非遇到因為硬體而導致的故障事件後才會進行版本更新作業。因此，在你開始建置 Hyper-V 主機之前，你應該針對採用的硬體伺服器，瀏覽硬體供應商的網頁並下載相關檔案，然後將 **BIOS**、**RAID 控制器**、**網路卡**……等韌體版本進行更新作業，確保它們採用最新穩定的版本。

此外，你還需要 Windows 8.1 ADK（`http://bit.ly/1ouQFjL`）及 USB 隨身碟，以便準備 Hyper-V 安裝媒體。請透過企業或組織的大量授權網站，下載完整版本的 Windows Server 2012 R2，或是透過微軟官方網站下載 180 天評估版本（`http://bit.ly/1hIREXL`），或下載具有全部 Hyper-V 功能的 Hyper-V Server 2012 R2（`http://bit.ly/1oL1lbM`）免費版本，在本書中所有範例及畫面截圖，都將採用 Windows Server 2012 R2 完整版本進行說明。事實上，無論你採用完整版本或評估版本，對於安裝媒體來說並沒有任何差別，唯一的差別在於產品授權金鑰。雖然，採用免費版本的

Hyper-V Server 2012 R2，在操作步驟上可能會與完整版本有些許不同，但 Hyper-V 功能是非常容易安裝及使用的。

如果，你只要安裝一台 Hyper-V 主機的話，那麼你只要將 Hyper-V 安裝媒體插入硬體伺服器，並且選擇該安裝媒體進行啟動，接著只要透過互動式的操作視窗，點擊相關選項後便可以順利完成 Hyper-V 主機的安裝作業。但是，在大部分的情況下，並不會只需要安裝一台 Hyper-V 主機而已，因此我們可以透過建立自動化安裝檔案 `unattended.xml`，達到 Hyper-V 主機的自動化安裝作業，自動化安裝檔案可以整合到安裝媒體或 USB 隨身碟當中，這樣的自動化安裝作業也將幫助管理人員，輕鬆達成快速及標準化的 Hyper-V 主機部署作業。

建立自動化安裝檔案

你有 2 種方式可以建立 `unattended.xml` 自動化安裝檔案，第 1 種方式是透過文字編輯器從頭開始編輯，第 2 種方式是透過 GUI 圖形介面的方式產生檔案。若你希望採用第 2 種方式，請先下載「**Windows 評定及部署套件**」（**Windows ADK**），執行後將會看到如下圖所示的安裝畫面，此時只需要勾選「**部署工具**」（**Deployment Tools**）項目即可。當安裝作業完成後，便可以在開始視窗中啟動「**Windows 系統映像管理員**」（**Windows System Image Manager**）應用程式：

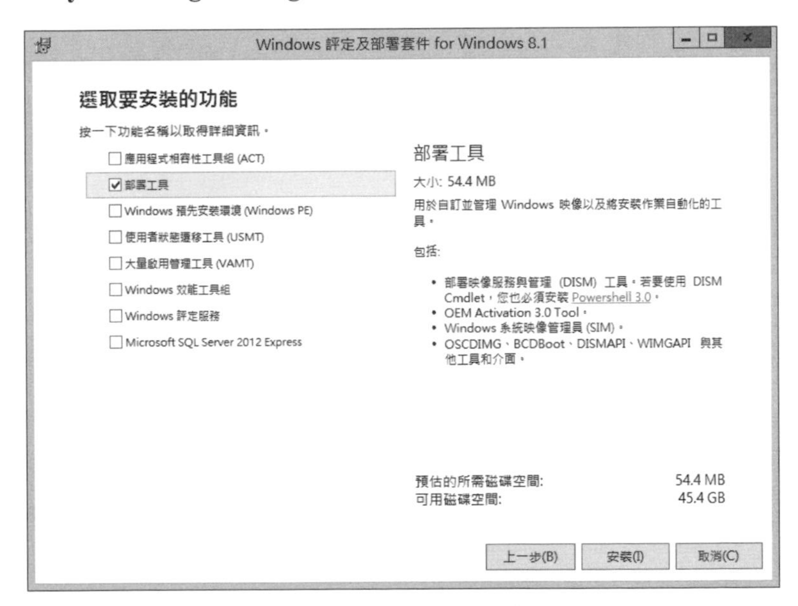

Windows ADK 8.1 執行畫面

順利開啟 Windows 系統映像管理員之後，依序點選「**檔案 > 選取 Windows 映像**」接著點選 `Install.wim` 檔案後，選擇 Windows Server 2012 R2 SERVERSTANDARD 版本項目，並允許建立一個新的類別目錄。如果，選擇安裝版本之後系統出現警告訊息，那麼就表示目前的使用者帳號對於 `Install.wim` 檔案存取權限不足，請開啟 Windows 檔案總管後點選 `Install.wim` 檔案，進入內容視窗後取消**唯讀**屬性，或者是你所載入的 `Install.wim` 檔案處於唯讀裝置中（例如，光碟機），那麼請將 `Install.wim` 檔案複製到硬碟中。如下圖所示，請選擇 Windows Server 2012 R2 的 Standard 版本：

選擇 Windows Server 2012 R2 的 Standard 版本

當類別目錄建立完成後，請依序點選「**檔案 > 新增回應檔案**」項目，然後儲存為 `unattended.xml` 檔案名稱並指定至你希望存放的位置。

如下圖所示，**Windows 系統映像管理員**將會建立 XML 結構的 unattended 檔案：

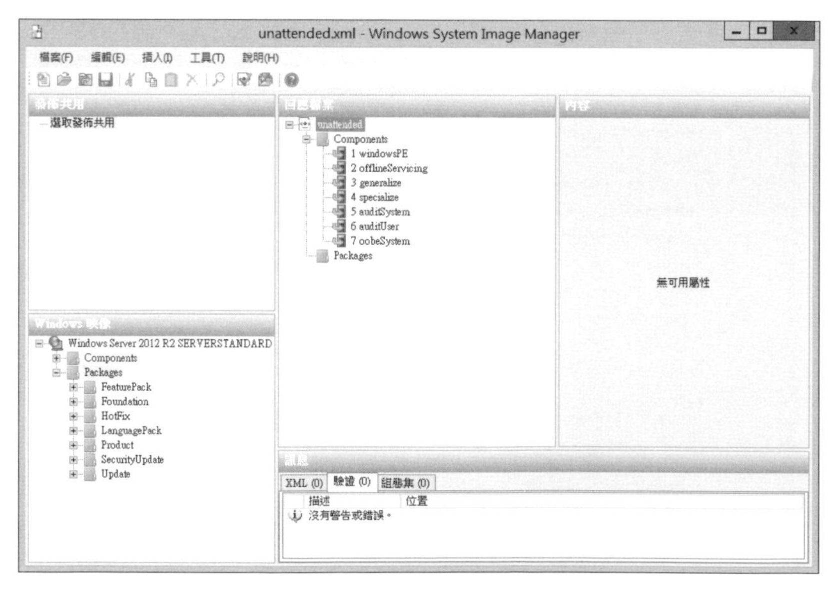

Windows 系統映像管理員

使用 Internet Explorer 瀏覽器開啟 XML 檔案，此時將會顯示 `unattended.xml` 檔案內容結構，你將會看到目前 Windows Server 2012 R2 映像檔的存放路徑。現在，我們將繼續編輯 `unattended.xml` 檔案內容，指定 Hyper-V 主機的相關安裝流程，以達成 Hyper-V 主機「**零接觸安裝**」（**Zero-Touch installation**）的目的。

新增基本元件

首先，在 Windows 系統映像管理員視窗中，請點選左下角 **Windows 映像**區塊中的 **Components** 項目，然後展開該項目的樹狀目錄。現在，讓我們來增加語系及本地區域資訊：

1. 點選 `amd64_Microsoft-Windows-International-Core-WinPE` 項目，按下滑鼠右鍵選擇「**將設定新增至 Pass 1 windowsPE（1）**」項目，並在相關欄位填入語言選項。屆時，XML 檔案內容中將會產生如下範例程式碼內容：

```
<?xml version="1.0" encoding="UTF-8"?>
<component xmlns:wcm="http://schemas.microsoft.com/WMIConfig/2002/
State" xmlns:xsi="http://www.w3.org/2001/XMLSchema-instance"
language="neutral" versionScope="nonSxS" publicKeyToken="31bf3856
ad364e35" processorArchitecture="amd64" name="Microsoft-Windows-
International-Core-WinPE">
  <SetupUILanguage>
    <UILanguage>en-US</UILanguage>
  </SetupUILanguage>
  <InputLocale>en-US</InputLocale>
  <UILanguage>en-US</UILanguage>
  <SystemLocale>en-US</SystemLocale>
  <UserLocale>en-US</UserLocale>
</component>
```

   如果，你希望採用 US English 以外的語言選項，那麼你應該確保相關的語系檔案都包含在安裝媒體當中。同時，請參考 Microsoft MSDN（`http://bit.ly/1gMNu2B`）網頁內容，採用正確的本地區域 ID。

2. 接著，同樣請點選 `amd64_Microsoft-Windows-Setup_neutral` 項目後，按下滑鼠右鍵選擇「將設定新增至 Pass 1 windowsPE（1）」項目，進行作業系統的基本組態設定，例如，建立磁碟分割區。對於採用 **BIOS** 的實體伺服器，將會產生如下範例程式碼內容：

```
<?xml version="1.0" encoding="UTF-8"?>
<component xmlns:wcm="http://schemas.microsoft.com/WMIConfig/2002/
State" xmlns:xsi="http://www.w3.org/2001/XMLSchema-instance"
language="neutral" versionScope="nonSxS" publicKeyToken="31bf3856
ad364e35" processorArchitecture="amd64" name="Microsoft-Windows-
Setup">
  <DiskConfiguration>
    <Disk wcm:action="add">
      <CreatePartitions>
        <CreatePartition wcm:action="add">
          <Order>1</Order>
          <Size>350</Size>
          <Type>Primary</Type>
        </CreatePartition>
        <CreatePartition wcm:action="add">
          <Order>2</Order>
          <Extend>true</Extend>
          <Type>Primary</Type>
        </CreatePartition>
      </CreatePartitions>
      <ModifyPartitions>
        <ModifyPartition wcm:action="add">
          <Active>true</Active>
          <Format>NTFS</Format>
          <Label>Bitlocker</Label>
          <Order>1</Order>
          <PartitionID>1</PartitionID>
        </ModifyPartition>
        <ModifyPartition wcm:action="add">
          <Letter>C</Letter>
          <Label>HostOS</Label>
          <Order>2</Order>
          <PartitionID>2</PartitionID>
        </ModifyPartition>
      </ModifyPartitions>
      <DiskID>0</DiskID>
      <WillWipeDisk>true</WillWipeDisk>
    </Disk>
  </DiskConfiguration>
</component>
```

上述磁碟分割組態設定，將能確保符合微軟預設部署模型，也就是一開始先建立小容量分割區以支援 BitLocker 功能。事實上，在極需高度安全的運作環境中，你可以針對 Hyper-V 主機中所有的磁碟資料，透過 BitLocker 特色功能全部進行加密，以保障企業或組織的機敏資料。

3. 對於採用新式 **UEFI** 的實體伺服器，應該產生如下 XML 範例程式碼內容：

```
<?xml version="1.0" encoding="UTF-8"?>
<component xmlns:wcm="http://schemas.microsoft.com/WMIConfig/2002/
State" xmlns:xsi="http://www.w3.org/2001/XMLSchema-instance"
language="neutral" versionScope="nonSxS" publicKeyToken="31bf3856
ad364e35" processorArchitecture="amd64" name="Microsoft-Windows-
Setup">
  <DiskConfiguration>
    <Disk wcm:action="add">
      <CreatePartitions>
        <CreatePartition wcm:action="add">
          <Order>2</Order>
          <Size>100</Size>
          <Type>EFI</Type>
        </CreatePartition>
        <CreatePartition wcm:action="add">
          <Order>3</Order>
          <Extend>false</Extend>
          <Type>MSR</Type>
          <Size>128</Size>
        </CreatePartition>
        <CreatePartition wcm:action="add">
          <Order>4</Order>
          <Extend>true</Extend>
          <Type>Primary</Type>
        </CreatePartition>
        <CreatePartition wcm:action="add">
          <Size>350</Size>
          <Type>Primary</Type>
          <Order>1</Order>
        </CreatePartition>
      </CreatePartitions>
      <ModifyPartitions>
        <ModifyPartition wcm:action="add">
          <Active>false</Active>
          <Format>NTFS</Format>
          <Label>Bitlocker</Label>
          <Order>1</Order>
          <PartitionID>1</PartitionID>
        </ModifyPartition>
        <ModifyPartition wcm:action="add">
          <Letter>C</Letter>
          <Label>HostOS</Label>
          <Order>3</Order>
          <PartitionID>3</PartitionID>
          <Format>NTFS</Format>
        </ModifyPartition>
```

```
          <ModifyPartition wcm:action="add">
            <Order>2</Order>
            <PartitionID>2</PartitionID>
            <Label>EFI</Label>
            <Format>FAT32</Format>
            <Active>false</Active>
          </ModifyPartition>
        </ModifyPartitions>
        <DiskID>0</DiskID>
        <WillWipeDisk>true</WillWipeDisk>
      </Disk>
    </DiskConfiguration>
  </component>
```

選擇安裝版本

在 Windows Server Hyper-V 舊版本中，不同版本之間有著巨大的差異，舉例來說，舊版的 Windows Server 當中有部分功能及硬體組態，必須採用 Enterprise 或 Datacenter 版本才支援。現在，在 Windows Server 2012 R2 版本中， Standard 與 Datacenter 版本的功能及硬體組態支援度相同（已經沒有 Enterprise 版本了），Standard 與 Datacenter 版本的主要差別在於虛擬化軟體授權。每套 Windows Server 2012 R2 **Standard** 版，可以運作「**2 個**」客體「**作業系統環境**」（**Operating System Environments，OSE**），若採用 **Datacenter** 版本則可以運作「**無限制**」的客體作業系統環境。此外，這 2 種版本之間還有另一個差異，就是採用 Datacenter 版本時可以針對 Windows Server 的 VM 虛擬主機，自動啟用軟體授權並且不需要透過 MAK 或 KMS 方式進行啟用。

基本上，當你安裝 Windows Server 2012 R2 Standard 版本後，若希望使用「**自動虛擬機器啟用**」（**Automatic Virtual Machine Activation，AVMA**）功能時，那麼只需要將 Standard 版本**升級**為 Datacenter 版本即可。值得注意的是，目前並沒有方式可以將 Datacenter 版本**降級**為 Standard 版本。

如果，你無法確定目前所安裝的是哪個版本時，那麼請以系統管理員身分開啟 PowerShell 後，鍵入下列指令：

```
Get-windowsedition -online
```

若要查詢目前所安裝的版本可以升級至哪個版本的話，請鍵入下列指令：

```
Get-WindowsEdition -online -target
```

最後，請鍵入下列指令升級至 Datacenter 版本：

```
Set-WindowsEdition -online -edition ServerDatacenter
```

雖然，上述指令適合將 Hyper-V 主機由 Standard 版本升級至 Datacenter 版本。但是，實務上若該台 Hyper-V 主機上有運作 VM 虛擬主機時，你應該先將其上運作的 VM 虛擬主機，線上遷移至其它台 Hyper-V 主機之後再進行版本升級的動作。

接著，就是建立你的 unattended 自動化安裝檔案，並且指定所要採用的版本。請點選 Microsoft-Windows-Setup 項目中，樹狀結構下的 ImageInstall 項目並鍵入相關欄位值後，建立如下範例程式碼內容：

```
<ImageInstall>
  <OSImage>
    <InstallFrom>
      <MetaData wcm:action="add">
        <Key>/Image/Name</Key>
        <Value>Windows Server 2012 R2 SERVERSTANDARD</Value>
      </MetaData>
    </InstallFrom>
    <InstallTo>
      <DiskID>0</DiskID>
      <PartitionID>2</PartitionID>
    </InstallTo>
  </OSImage>
</ImageInstall>
```

在 PartitionID 的部分，如果實體伺服器開機模式為 UEFI 的話，那麼請採用 PartitionID 4 的參數值，以確保 Windows Server 2012 R2 Standard 在安裝流程中，可以找到正確的分割區。

在 Pass1 階段的最後一個步驟，請點選 Microsoft-Windows-Setup 項目中，樹狀結構下的 UserData 項目並鍵入相關欄位值後，建立如下範例程式碼內容：

```
<UserData>
  <ProductKey>
    <WillShowUI>OnError</WillShowUI>
  </ProductKey>
  <AcceptEula>true</AcceptEula>
  <FullName>YourName</FullName>
  <Organization>YourOrg</Organization>
</UserData>
```

在 FullName 及 Organization 欄位，可以填入你喜歡的任何值，在這些欄位當中有些可隨意填寫有些則具有強制性。此外，在 Product Key 的部分，如果你打算採用 Windows Server 的 180 天評估版或 KMS 啟用功能，那麼在 Product Key 的部分可以不用輸入。如果，你採用的是 MAK 方式啟用軟體授權的話，那麼請將產品授權金鑰鍵入到 Product Key 欄位中，或者你也可以在作業系統安裝完畢後，使用系統管理員身分開啟 PowerShell 後，鍵入下列指令搭配 MAK 產品授權金鑰進行啟用：

```
slmgr -upk（移除目前的產品授權金鑰）
slmgr -ipk <Product key>（包含產品金鑰之間的破折號）
```

採用 GUI 圖形介面或文字介面

加入基本參數後，接著便是處理零接觸安裝的自動化流程部分了。

在 **Windows 系統映像管理員**視窗中，請將 amd64_Microsoft-Windows-Shell-Setup_neutral 加入至 Pass4 及 Pass7 階段。

編輯 XML 檔案內容組態設定時區的部分（執行 tzutil /l 指令，便可以得到有效的時區資訊），然後鍵入本地端的 Administrator 密碼。請不用擔心將本地端的 Administrator 密碼，鍵入到 **Windows 系統映像管理員**視窗中，因為在儲存自動化安裝檔案時，它會將密碼的部分自動進行加密的動作。下列為範例程式碼內容：

```
<settings pass="specialize">
  <component language="neutral"
  xmlns:xsi="http://www.w3.org/2001/XMLSchema-instance"
  xmlns:wcm="http://schemas.microsoft.com/WMIConfig/2002/State"
  versionScope="nonSxS" publicKeyToken="31bf3856ad364e35"
  processorArchitecture="amd64" name="Microsoft-Windows-Shell-Setup">
    <TimeZone>W. Europe Standard Time</TimeZone>
  </component>
</settings>
<settings pass="oobeSystem">
  <component language="neutral"
  xmlns:xsi="http://www.w3.org/2001/XMLSchema-instance"
  xmlns:wcm="http://schemas.microsoft.com/WMIConfig/2002/State"
  versionScope="nonSxS" publicKeyToken="31bf3856ad364e35"
  processorArchitecture="amd64" name="Microsoft-Windows-Shell-Setup">
  <UserAccounts>
    <AdministratorPassword>
      <Value>UABAAHMAcwB3ADAAcgBkAEEAZABtAGkAbgBpAHMAdAByAGEAdABvAHI
      AUABhAHMAcwB3AG8AcgBkAA==</Value>
    <PlainText>false</PlainText>
```

```
    </AdministratorPassword>
    </UserAccounts>
    </component>
  </settings>
```

為了讓 Hyper-V 主機能夠快速部署，我沒有在這個階段中處理電腦名稱的部分。因此，安裝程序將會針對每台 Hyper-V 主機產生一組隨機的電腦名稱，如果你想要指定電腦名稱的話，那麼請將下列參數及參數值加入 XML 檔案內容中：

```
<ComputerName>Hyper-V01</ComputerName>
```

下載 XML 範例程式碼
你可以在博碩文化網站上，下載本書所有的 XML 範例程式碼：

http://www.drmaster.com.tw/bookinfo.asp?BookID=MP11612

此外，在建立 XML 自動化安裝檔案時，我們可以選擇採用 GUI 圖形介面的 Windows Server Standard 版本，或者是文字介面的 Standard ServerCore 版本，在我們的實作範例當中，我們已經採用完整版本的 GUI 圖形介面 Windows Server，倘若你採用免費版本 Hyper-V Server 2012 R2 的話，那麼它只有文字介面而沒有 GUI 圖形介面。此外，與舊版 Windows Server 不同的地方，在於 Windows Server 2012 R2 版本中，GUI 圖形介面與 ServerCore 文字介面之間，是可以進行轉換的（舊版 Windows Server 無法轉換）。同時，微軟也強烈推薦你將 Hyper-V 運作在 ServerCore 版本中，因為 ServerCore 運作模式除了耗用資源較少之外，同時也減少被攻擊面及更少的安全性更新，連帶的也減少 Hyper-V 主機重新啟動的次數，然而在過去的版本中因為只提供 PowerShell 視窗，因此讓許多系統管理員望之卻步，但是請不要忘了在 ServerCore 運作模式中，都具有管理 API 讓管理人員可以透過 MMC 控制台進行遠端管理。此外，在 Windows Server 2012 R2 版本中，除了 GUI 及 ServerCore 運作模式之外，還有「基本伺服器」（Minimal Server）及「桌面體驗」（Desktop Experience），不同的 2 種運作模式可供選擇，並且這 4 種運作模式都可以透過管理人員熟知的「**遠端伺服器管理工具**」（**Remote Server Administrations Tools，RSAT**），進行遠端管理的動作。下列為針對我們的客戶，建立及管理 GUI 圖形化介面的最佳作法：

1. 安裝完整版本的 GUI 圖形介面，讓自己能夠熟悉作業系統的運作，以及相關角色及特色功能。
2. 完成初始化組態設定後，便可以移除 GUI 運作模式的相關元件，讓 Hyper-V 主機運作在 Minimal Server 或 ServerCore 運作模式。

3. 下列 PowerShell 指令將分別切換至 Minimal Server 或 ServerCore 運作模式：

   切換至 **Minimal Server** 運作模式

   ```
   Uninstall-WindowsFeature Server-Gui-Shell -Restart
   ```

   切換至 **ServerCore** 運作模式

   ```
   Get-WindowsFeature *gui* | Uninstall-WindowsFeature -Restart
   ```

4. 從 ServerCore 切換至 Minimal Server 運作模式，請執行下列指令：

   ```
   Install-WindowsFeature Server-Gui-Mgmt-Infra -Restart
   ```

5. 切換回原有完整伺服器 GUI 圖形介面，請執行下列指令：

   ```
   Install-WindowsFeature Server-Gui-Mgmt-Infra, Server-Gui-Shell
   -Restart
   ```

當你將 Hyper-V 主機切換至 ServerCore 運作模式後，預設登入後僅會看到 PowerShell 視窗，如下圖所示：

Server Core 運作模式僅 PowerShell 指令視窗，沒有 GUI 圖形介面

在 Active Directory 網域中的 Hyper-V 主機

事實上，現在已經可以達成自動化的零接觸安裝了。但是，我們要做到比這更多並包含一些額外選項。

請將 amd64_Microsoft-Windows-TerminalServices-LocalSessionManager 項目，新增至 Pass4 階段以便設定主機遠端桌面連線的部分：

```
<?xml version="1.0" encoding="UTF-8"?>
<component xmlns:wcm="http://schemas.microsoft.com/WMIConfig/2002/
 State" xmlns:xsi="http://www.w3.org/2001/XMLSchema-instance"
language="neutral" versionScope="nonSxS" publicKeyToken="31bf3856
ad364e35" processorArchitecture="amd64" name="Microsoft-Windows-
TerminalServices-LocalSessionManager">
  <fDenyTSConnections>false</fDenyTSConnections>
</component>
```

要透過 RDP 連線至 Hyper-V 主機，我們還需要基本的網路設定，例如，IP 位址……等。值得注意的是，根據你的 Hyper-V 主機融合式網路環境組態設定，有可能在後續的操作步驟中會覆蓋目前的組態設定（詳請參考《第 5 章： Network 效能規劃最佳作法》）。

請將 amd64_Microsoft-Windows-TCPIP 項目，新增至 Pass4 階段以便透過網路卡介面名稱，設定主機固定 IP 位址的部分。此外，也可以透過 MAC 位址的方式來設定網路組態的部分：

```
<?xml version="1.0" encoding="UTF-8"?>
<component xmlns:wcm="http://schemas.microsoft.com/WMIConfig/2002/
 State" xmlns:xsi="http://www.w3.org/2001/XMLSchema-instance"
language="neutral" versionScope="nonSxS" publicKeyToken="31bf3856ad36
4e35" processorArchitecture="amd64" name="Microsoft-Windows-TCPIP">
  <Interfaces>
    <Interface wcm:action="add">
      <Ipv4Settings>
        <DhcpEnabled>false</DhcpEnabled>
        <Metric>10</Metric>
        <RouterDiscoveryEnabled>true</RouterDiscoveryEnabled>
      </Ipv4Settings>
      <UnicastIpAddresses>
        <IpAddress wcm:action="add" wcm:keyValue="1">192.168.1.41/24</
IpAddress>
      </UnicastIpAddresses>
      <Identifier>Local Area Connection</Identifier>
    </Interface>
  </Interfaces>
</component>
```

Hyper-V 主機是否要加入 Active Directory 網域環境，一直是論壇及社群中常常被討論的話題。事實上，我看到許多 Hyper-V 運作環境，無論是加入 Windows AD 網域或是在 WorkGroup 環境運作，我的答案是「都可以」。在 Windows Server 2012 R2 版本當中，當主機加入網域並建立容錯移轉之後，即使 Active Directory 網域控制站發生故障損壞的情況下，Windows Server 2012 R2 都可以順利啟動。因此，早期討論的雞生蛋或蛋生雞的情況已經不是問題了，Hyper-V 主機是可以運作在沒有 Active Directory 網域環境的，甚至 Hyper-V 主機可以加入在其上運作的虛擬 Active Directory 網域控制站。值得注意的是，當 Hyper-V 主機運作在 WorkGroup 環境時，並無法使用線上即時遷移功能，同時對於 Hyper-V 安全性管控的部分，在沒有 Active Directory 網域控制站的幫助下，管理人員必須自行處理好這個部分。

因此，從安全性及管理便利性的角度來看，你應該將 Hyper-V 主機加入至 Active Directory 網域環境。如果，你的 Hyper-V 主機放置在高度安全的運作環境中，也請將他們加入到專用的管理網域當中（內外分離的 Active Directory 樹系），而不是線上營運環境的 Active Directory 網域環境。

請將 `amd64_Microsoft-Windows-UnattendedJoin` 項目，新增至 `Pass4` 階段並組態設定加入 Active Directory 網域的部分：

```
<?xml version="1.0" encoding="UTF-8"?>
<component xmlns:wcm="http://schemas.microsoft.com/WMIConfig/2002/
 State" xmlns:xsi="http://www.w3.org/2001/XMLSchema-instance"
language="neutral" versionScope="nonSxS" publicKeyToken="31bf3856
ad364e35" processorArchitecture="amd64" name="Microsoft-Windows-
UnattendedJoin">
  <Identification>
    <Credentials>
      <Domain>Elanity.local</Domain>
      <Password>Hannover96</Password>
      <Username>joindomain</Username>
    </Credentials>
    <JoinDomain>Elanity.de</JoinDomain>
    <MachineObjectOU>OU=Hyper-V,DC=Elanity,DC=local</MachineObjectOU>
  </Identification>
</component>
```

事實上，我發現在許多管理人員的典型組態設定中，看到他們會將 Windows 防火牆「**停用**」（**Disable**）。在我看來這是非常不好的作法，Windows 防火牆是主機安全性的第一層基本防護，它應該根據你的運作環境需求進行組態配置，而不應該直接設定為停用。至於網域環境中統一的防火牆規則組態配置，我們後續將會採用 GPO 群組原則進行設定，因此我們並不需要在 `unattended.xml` 檔案中進行任何的設定。

安裝 Hyper-V 角色及相關功能

當我們處理好 Windows Server 作業系統的部分後，接著就可以準備安裝 Hyper-V 角色及相關功能。請在自動化安裝檔案 unattended.xml 當中，加入 Hyper-V 角色及相關功能：

```
<?xml version="1.0" encoding="UTF-8"?>
<servicing>
  <package action="configure">
    <assemblyIdentity language="" publicKeyToken="31bf3856ad3
64e35" processorArchitecture="amd64" name="Microsoft-Windows-
ServerStandardEdition" version="6.3.9600.16384" />
    <selection name="Microsoft-Hyper-V-Common-Drivers-Package"
state="true" />
    <selection name="Microsoft-Hyper-V-Guest-Integration-Drivers-
Package" state="true" />
    <selection name="Microsoft-Hyper-V-Server-Drivers-Package"
state="true" />
    <selection name="Microsoft-Hyper-V-ServerEdition-Package"
state="true" />
  </package>
  <package action="configure">
    <assemblyIdentity language="" publicKeyToken="31bf3856ad364e35"
processorArchitecture="amd64" name="Microsoft-Windows-ServerCore-
Package" version="6.3.9600.16384" />
    <selection name="Microsoft-Hyper-V" state="true" />
    <selection name="Microsoft-Hyper-V-Offline" state="true" />
    <selection name="Microsoft-Hyper-V-Online" state="true" />
    <selection name="VmHostAgent" state="true" />
    <selection name="AdminUI" state="true" />
    <selection name="ServerManager-Core-RSAT" state="true" />
    <selection name="ServerManager-Core-RSAT-Feature-Tools"
state="true" />
    <selection name="ServerManager-Core-RSAT-Role-Tools" state="true"
/>
  </package>
</servicing>
```

順利將 Hyper-V 角色及相關功能加入 unattended.xml 檔案後（完整的 XML 範例檔案，請至 http://bit.ly/1xBIQb2 下載），便可以將 XML 檔案放在 USB 隨身碟當中，並從實體伺服器上選擇採用 USB 隨身碟開機。現在，你將體驗到 Hyper-V 自動化零接觸安裝。此外，在《第 2 章： HA 高可用性解決方案》章節中，你將會學習到如何透過自動化零接觸安裝，完成容錯移轉叢集的設定。

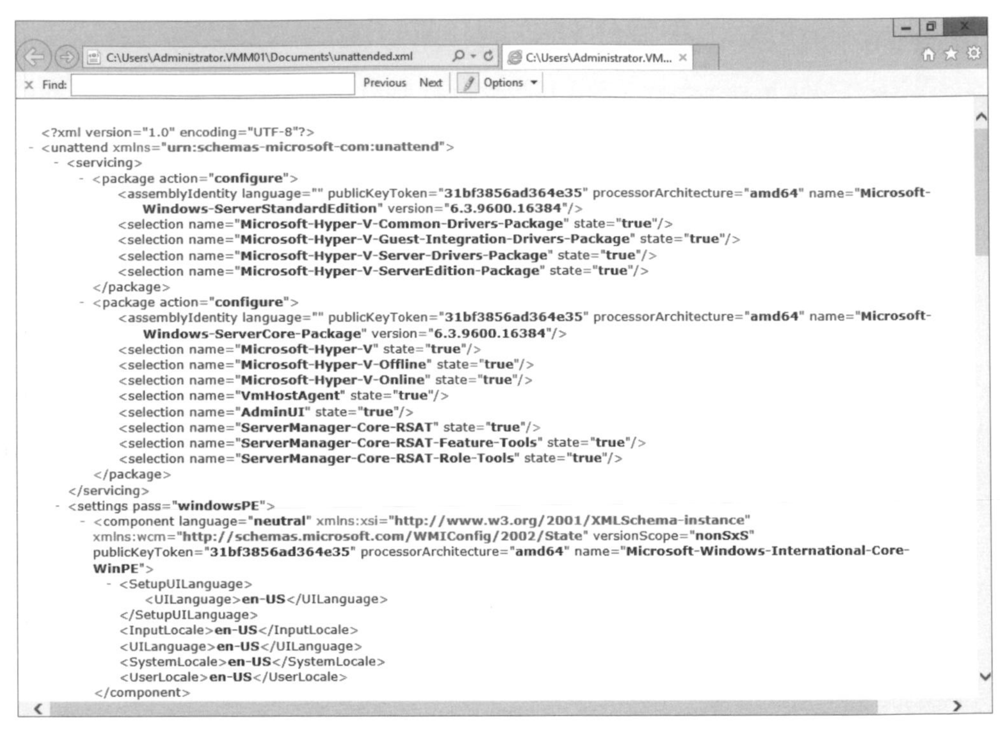

```
C:\Users\Administrator.VMM01\Documents\unattended.xml
<?xml version="1.0" encoding="UTF-8"?>
- <unattend xmlns="urn:schemas-microsoft-com:unattend">
  - <servicing>
    - <package action="configure">
        <assemblyIdentity language="" publicKeyToken="31bf3856ad364e35" processorArchitecture="amd64" name="Microsoft-
          Windows-ServerStandardEdition" version="6.3.9600.16384"/>
        <selection name="Microsoft-Hyper-V-Common-Drivers-Package" state="true"/>
        <selection name="Microsoft-Hyper-V-Guest-Integration-Drivers-Package" state="true"/>
        <selection name="Microsoft-Hyper-V-Server-Drivers-Package" state="true"/>
        <selection name="Microsoft-Hyper-V-ServerEdition-Package" state="true"/>
      </package>
    - <package action="configure">
        <assemblyIdentity language="" publicKeyToken="31bf3856ad364e35" processorArchitecture="amd64" name="Microsoft-
          Windows-ServerCore-Package" version="6.3.9600.16384"/>
        <selection name="Microsoft-Hyper-V" state="true"/>
        <selection name="Microsoft-Hyper-V-Offline" state="true"/>
        <selection name="Microsoft-Hyper-V-Online" state="true"/>
        <selection name="VmHostAgent" state="true"/>
        <selection name="AdminUI" state="true"/>
        <selection name="ServerManager-Core-RSAT" state="true"/>
        <selection name="ServerManager-Core-RSAT-Feature-Tools" state="true"/>
        <selection name="ServerManager-Core-RSAT-Role-Tools" state="true"/>
      </package>
    </servicing>
  - <settings pass="windowsPE">
    - <component language="neutral" xmlns:xsi="http://www.w3.org/2001/XMLSchema-instance"
      xmlns:wcm="http://schemas.microsoft.com/WMIConfig/2002/State" versionScope="nonSxS"
      publicKeyToken="31bf3856ad364e35" processorArchitecture="amd64" name="Microsoft-Windows-International-Core-
      WinPE">
      - <SetupUILanguage>
          <UILanguage>en-US</UILanguage>
        </SetupUILanguage>
        <InputLocale>en-US</InputLocale>
        <UILanguage>en-US</UILanguage>
        <SystemLocale>en-US</SystemLocale>
        <UserLocale>en-US</UserLocale>
      </component>
```

Hyper-V 自動化零接觸安裝 Unattended.XML 範例檔

安裝後的各項工作任務

當自動化零接觸安裝完畢後，記得把 USB 隨身碟從 Hyper-V 主機上拔除。否則，一旦 Hyper-V 主機重新啟動之後，便會再次進入自動化零接觸安裝流程，清空所有硬碟資料並開始重新安裝作業系統。

接著，進行 Windows 安全性更新作業，確保 Hyper-V 主機安裝所有可用的更新。那麼在 Hyper-V 主機中，是否有哪些 Windows 安全性更新不適合安裝？ 有的，就是**驅動程式**的部分，除非微軟技術支援的人請你這樣做，否則請不要透過 Windows 安全性更新安裝驅動程式，請為 Hyper-V 主機安裝所有可用的 Windows 安全性更新。此外，針對 Hyper-V 主機的部分，仍有其它安全性更新需要額外下載安裝（http://bit.ly/1kx0yYS）。

事實上，當 Hyper-V 角色安裝完畢後，我們就可以建立 VM 虛擬主機。但是，為了確保網路的連通性及 VM 虛擬主機能夠安全的運作，我們將在安裝程序完成後進行一些額外的組態配置。

首先，我們需要針對 VM 虛擬主機網路連線的部分，建立基本的對外連線網路。如果，在你的 Hyper-V 主機中有**第 2 張網路卡**的話，請在開啟的 PowerShell 視窗中鍵入下列指令：

```
New-VMSwitch -Name external -NetAdapterName "Local Area Connection 2"
```

如果，Hyper-V 主機只有 1 張網路卡的話，請執行下列指令：

```
New-VMSwitch -Name external -NetAdapterName "Local Area Connection"
-AllowManagementOS $true
```

現在，你的 VM 虛擬主機可以使用名稱為「external」的虛擬網路交換器，與實體網路環境接觸並對外連線。

有沒有想過，在 Hyper-V 主機上因為 RDP 當中重新導向印表機功能導致錯誤？ 最近，我看到一個 BSOD 的錯誤事件，就是因為 Hyper-V 主機上有不當的印表機驅動程式所導致。但是，在 Hyper-V 主機上是否需要進行列印？ 絕對不需要。因此，請確保你已經透過 GPO 群組原則（或本機群組原則），停用 RDP 印表機重新導向的功能。

在 GPO 群組原則（或本機群組原則），請依序點選「**電腦設定 > 系統管理範本 > Windows 元件 > 遠端桌面服務 > 遠端桌面工作階段主機 > 印表機重新導向**」，點選「**不允許用戶端印表機重新導向**」原則並設定為「**已啟用**」。

預設情況下，Hyper-V 主機已經有預設的儲存路徑，來存放 VM 虛擬主機的虛擬磁碟及組態設定。我覺得這樣的設計非常有趣，但是並不適合用於線上營運環境，所以你應該調整預設的儲存路徑，如果可以的話請存放到非作業系統磁碟。下列 PowerShell 指令，能夠幫助你快速調整 Hyper-V 主機的預設存放路徑：

```
Set-VMHOST -computername localhost -virtualharddiskpath 'D:\VMs'
Set-VMHOST -computername localhost -virtualmachinepath 'D:\VMs'
```

將 VM 虛擬主機的虛擬磁碟及組態設定，指向到同一個資料夾會不會有任何問題？ 到目前為止，我還沒有看過將虛擬磁碟及組態設定，指向到同一個資料夾而發生問題的情況，同時在管理上這樣的設計也增加便利性。

當 Hyper-V 主機將角色安裝完成後，另一個重要的規則便是「**不要在 Hyper-V 主機上安裝其它角色**」。應該保持 Hyper-V 主機，就只有安裝 Hyper-V 角色而沒有其它角色，或是把其它角色安裝在其上運作的 VM 虛擬主機中。

此外，還有下列幾點事項也需要特別注意：

- 不應該在 Hyper-V 主機上，安裝「**容錯移轉叢集**」（**Failover Clustering**）及「**多重路徑 I/O**」（**Multipath I/O，MPIO**）以外其它的伺服器功能。

  如果，在你的運作環境中有採用 SMB 3 的話，那麼也只需要額外安裝「**資料中心橋接**」（**Data Center Bridging，DCB**），以及「SMB Bandwidth Limits」伺服器功能即可。
- 最小化軟體安裝，額外軟體的部分頂多只需要安裝備份及監控代理程式即可。

Hyper-V 主機上的防毒軟體

在論壇及社群中最常被討論的另一個話題，就是能否在 Hyper-V 主機上安裝防毒軟體。在許多企業或組織的原則當中，每個 Windows 作業系統都應該安裝防毒軟體，如果必須要幫 Hyper-V 主機安裝防毒軟體的話，那麼請確保 Hyper-V 主機組態設定路徑，以及 VM 虛擬主機虛擬磁碟及組態設定路徑，都必須設定在防毒軟體的排除掃描清單中。

我曾經看過因為 Hyper-V 主機安裝防毒軟體，而將其上運作的 VM 虛擬主機的虛擬磁碟格式毀壞，或是將重要的系統檔案刪除，或者針對高 I/O 使用量的 VM 虛擬主機不斷進行掃描，又或者是把 Hyper-V 及 VM 虛擬主機的相關文件隔離。事實上，在運作環境相對單純的 Hyper-V 主機上，若沒有企業或組織制訂的強迫性政策原則的話，我強烈建議你不要在 Hyper-V 主機上安裝防毒軟體。

雖然，有一些針對 Hyper-V 主機防毒軟體的設定準則，但是我還沒有看過一個完美且沒有任何問題的準則。因此，你應該是將防毒軟體代理程式，安裝到 VM 虛擬主機當中的 Guest OS 進行保護，而不是安裝在 Hyper-V 主機上。

是否要設定分頁檔

在 Hyper-V 主機上，最常被提到的另一個系統組態設定，便是手動設定「**分頁檔**」（**Pagefile**）的部分。有時，在論壇或社群上看到此議題討論的論點還蠻有創意的。

針對 Hyper-V 主機，我嘗試過各種不同類型的記憶體空間配置，以及與微軟產品團隊和 Hyper-V 產品開發團隊深厚的技術交流後，針對 Windows Server 2012 R2 分頁檔組態設定的部分，我只有一個建議就是「不要管它」。

Windows 分頁檔，預設情況下由 Windows 自行管理。如果，你已經採用先前討論的最佳作法，沒有在 Hyper-V 主機上安裝其它角色及功能，那麼你就不需要手動配置分頁檔，只要讓 Windows 系統自行管理即可。事實上，我還沒有看過在 Hyper-V 主機上，因為沒有手動配置 Windows 分頁檔而發生錯誤的情況。

再次提醒，這裡指的分頁檔是指 Hyper-V 主機本身，而不是 VM 虛擬主機當中的分頁檔。

有關 Hyper-V 主機安裝後的組態設定效能調校部分，我們在《第 6 章： Hyper-V 最佳化效能調校》章節中，將會討論其它效能調校的部分。如下圖所示，便是 Windows 分頁檔組態設定頁面：

Windows 分頁檔設定頁面

建立 VM 虛擬主機

你可以使用 Hyper-V 管理員，透過新增 VM 虛擬主機精靈來建立 VM 虛擬主機。但是，對於快速部署 VM 虛擬主機的需求，我們將會使用 PowerShell 來達成。

透過 PowerShell 快速建立 VM 虛擬主機真的很簡單，只要開啟 PowerShell 指令視窗，然後鍵入下列指令即可：

```
New-VM
```

在上列 PowerShell 指令中不附帶任何參數的情況下，將會用 Hyper-V 預設值建立 1 台 VM 虛擬主機。倘若，你希望建立 1 台第 2 世代的 VM 虛擬主機時，請鍵入下列指令：

```
New-VM -Generation 2
```

如果，你希望建立 VM 虛擬主機並指定名稱、存放路徑、虛擬記憶體空間，請鍵入下列指令：

```
New-VM -Name VM01 -Path C:\VM01 -Memorystartupbytes 1024MB
```

預設情況下，建立的 VM 虛擬主機並沒有虛擬磁碟。請鍵入下列指令，建立新的動態格式虛擬磁碟給指定的 VM 虛擬主機：

```
New-VHD -Path C:\vms\vm01\vm01_c.vhdx -SizeBytes 60GB -Dynamic
```

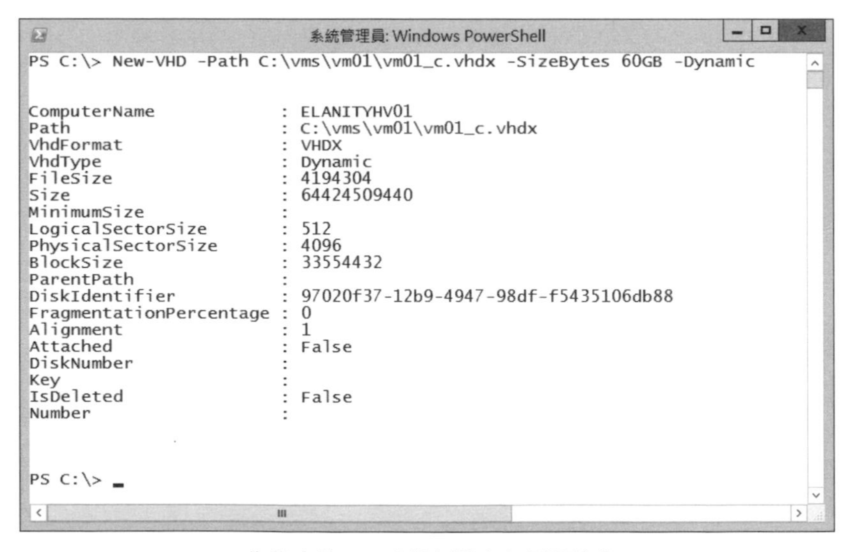

為指定的 VM 虛擬主機建立虛擬磁碟

建立好的 VHDX 虛擬磁碟，尚未與 VM 虛擬主機掛載連接。請鍵入下列指令進行掛載連接的動作：

```
Add-VMHardDiskDrive -VMName VM01 -Path C:\vms\vm01\vm01_c.vhdx
```

針對指定的 VM 虛擬主機新增虛擬網路卡，並指定連接的虛擬網路交換器，請鍵入下列指令：

```
Add-VMNetworkAdapter -vmname "VM01" -switchname "external"
```

最後，就可以使用下列指令啟動 VM 虛擬主機：

```
Start-VM -Name VM01
```

你現在已經了解到，建立 VM 虛擬主機基本所需的虛擬硬體參數。但是，目前還缺少作業系統的部分，你可以有很多種方式來建立客體作業系統，最佳的建立方式便是透過 Virtual Machine Manager，建立 VM 虛擬主機範本的方式來部署 VM 虛擬主機（詳請參考《第 7 章： 透過 System Center 進行管理》）。事實上，單靠 Windows Server 2012 R2 也是可以達成的，最常見的方式便是手動建立第 1 台 VM 虛擬主機，然後安裝作業系統、安全性更新、備份代理程式……等，然後執行 `C:\Windows\System32\sysprep\` 路徑下的 `sysprep.exe` 執行檔，在系統清理動作下拉式選單中選擇「**進入系統全新體驗（OOBE）**」項目，然後勾選「**一般化**」（**Generalize**）選項，在關機選項下拉式選單中則是選擇「**關機**」（**Shutdown**）項目，之後就可以複製到範本資料夾並設定屬性為唯讀。

後續，當你需要建立 1 台新的 VM 虛擬主機時，只要複製剛才建立的範本 VM 虛擬主機，並重新命名後當 VM 開機執行完 Sysprep 流程後就可以使用了。此外，你可以在 Microsoft's TechNet Gallery 網站中，下載一款免費工具 Convert-WindowsImage（`http://bit.ly/1odCElX`），便可以透過它建立 1 個功能齊全的 VHDX 範本：

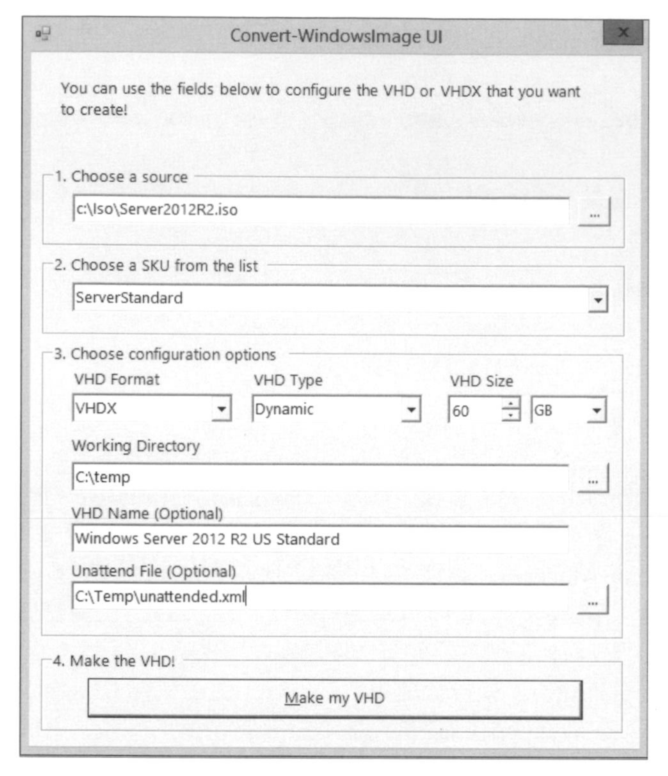

Convert-WindowsImage 工具執行畫面

它甚至可以結合由 Windows 系統映像管理員，所建立的自動化安裝 `unattended.xml` 檔案，達到完全客製化的目的。

如果，你不喜歡手動為 VM 虛擬主機安裝 Windows 安全性更新的話，同樣的你可以使用在 Microsoft's TechNet Gallery 網站中，下載 Apply-WindowsUpdate 工具（`http://bit.ly/1o4sczI`），幫助你下載 Windows 安全性更新，並且以離線的方式更新 VHD/VHDX 內容。

正如你在本章的範例中所看到的，我主要使用第 2 世代格式建立 VM 虛擬主機。如果，你所採用的客體作業系統為 Windows Server 2012 或後續版本，那麼這應該就是你的預設選項才對，第 2 世代格式的 VM 虛擬主機，不管在虛擬硬體、功能性、穩定性方面，都遠遠優於第 1 世代格式，所以除非有特殊理由否則你不應該使用別種格式。

結語

至目前為止，你已經在本章節中學習到如何建立及組態設定 Hyper-V 主機。現在，你已經可以快速部署 Hyper-V 主機及 VM 虛擬主機，此外也學習到 Hyper-V 主機的最佳化組態配置。在《第 2 章： HA 高可用性解決方案》章節中，我們將教導你如何充分利用 Hyper-V 及虛擬化功能，來建立 HA 高可用性的解決方案。

2

HA 高可用性解決方案

在 Hyper-V Cluster 運作環境中，要實作即時遷移真的非常簡單並且不需要複雜的設定。此外，倘若是多個 Cluster 及獨立 Hyper-V 的混合運作環境時，強烈建議你應該要採用 Kerberos 身分驗證機制。

Hans Vredevoort – MVP Hyper-V

在本章當中，我們將會指導你完成 Hyper-V 容錯移轉叢集環境的安裝作業，以及相關組態設定的最佳建議。當安裝第 1 台 Hyper-V 主機之後，你需要建立容錯移轉叢集以便提升虛擬化平台的可用性，讓你的虛擬化運作環境可以因應硬體故障損壞事件，以及計畫性與非計畫性的服務中斷事件。

在本章中我們將會討論下列技術議題：

- 建置容錯移轉叢集與前置作業。
- 容錯移轉叢集與仲裁的組態設定。
- 即時遷移與即時遷移通訊協定。
- 客體層級的容錯移轉叢集以及共享式 VHDX 虛擬磁碟。

準備 HA 高可用性解決方案

就像每個專案一樣，虛擬化專案也需要規劃「**高可用性**」（**High Availability，HA**）。事實上，虛擬化運作環境的 HA 高可用性機制，相較於傳統資料中心實體伺服器，搭配儲存系統的運作架構來說更為複雜，因為傳統運作架構中硬體發生故障損壞事件時，只會影響單一服務而已，即使單一機櫃發生電源中斷事件，影響到的服務也是局部性的，通常也能在很短的時間內恢復原有服務。雖然，伺服器虛擬化為企業及組織帶來很大的益處，例如，提高線上營運環境使用率、降低硬體伺服器的依賴性……等。但是，在伺服器虛擬化運作環境中，即便是單台硬體伺服器發生故障損壞事件，都將同時影響眾多的線上營運服務，因此必須要完整的規劃整體運作架構，同時避免硬體發生「**單點失敗**」（**Single Points Of Failure，SPOF**）的情況。

規劃 HA 運作環境

不管你的運作環境是否需要 HA 高可用性機制，最重要的決定性因素應該取決於企業或組織的業務需求，當企業或組織當中與 IT 有關的線上營運服務，發生計畫性或非計畫性中斷事件時，你的商務流程可以承受多久的服務中斷時間？ 這些在企業或組織當中的 IT 戰略，同樣也將推動及定義整體 IT 運作流程，流程中包括公司內各部門的關鍵性業務「**服務等級協定**」（**Service Level Agreements，SLA**），不同的業務需求將會有不同的服務等級協定水準，其中一種定義高可用性的方式，便是線上服務在一年當中擁有幾個「9」，例如， 1 年 99.999 %。事實上，當企業或組織決定要為可用性增加 1 個 9 時，除了需要花費大量的預算以提升資料的可用性外，整體運作的複雜度也同時大幅增加，所以你應該了解每項線上營運服務實際所需的可用性等級，以便規劃及建置適當的 HA 高可用性，避免建置不符合實際需求的 HA 高可用性等級，無謂的浪費企業及組織寶貴的 IT 預算。

你應該要在 HA 高可用性運作環境中，增加各項額外的硬體資源，以便因應硬體發生故障損壞事件時，能夠保持線上服務或應用程式的運作效能。

簡介容錯移轉叢集

每個 Hyper-V 容錯移轉叢集運作架構，至少包括 2 台或以上的 Hyper-V 叢集節點主機。就技術層面來看，雖然 1 台 Hyper-V 主機也可以建立容錯移轉叢集，但是這樣的運作架構將無法使用即時遷移功能，同時也不具備 HA 高可用性。當 Hyper-V 主機安裝容錯移轉叢集功能，並建立容錯移轉叢集運作架構之後，倘若任何一台 Hyper-V 叢集節點發生硬體故障損壞事件時，容錯移轉叢集中的其它叢集節點將無法收到活動訊息，同時也會立即檢測到服務發生中斷事件，因為是非計畫性的硬體故障損壞事件，所以其上所運作的 VM 虛擬主機也將立即斷電關機，此時容錯移轉叢集當中其它存活的叢集節點，將會立即接手這些 VM 虛擬主機並重新啟動它們，通常只需要幾分鐘的時間，便能重新運作這些受影響的 VM 虛擬主機。倘若，容錯移轉叢集中有叢集節點需要進行計畫性維護作業時，因為所有叢集節點都可以存取共享儲存資源，也就是能夠存取所有 VM 虛擬主機的組態設定及虛擬磁碟，因此只需要執行線上即時遷移的動作，將線上運作的 VM 虛擬主機遷移到其它叢集節點之後，該叢集節點便可以離線進行計畫性維護作業，雖然叢集節點離線進行計畫性維護作業，將會讓容錯移轉叢集整體的運算資源及容錯能力下降，但是仍能維持企業及組織線上服務及應用程式的可用性。因此，採用 Windows Server 所建立的容錯移轉叢集，確實能夠達成 Active / Active 高可用性運作架構。

為了確保你所建構的容錯移轉叢集，確實擁有 Active / Active 高可用性運作架構。因此，你需要一個準確的規劃設計要點及建置流程。

容錯移轉叢集前置作業

要成功建置 Hyper-V 容錯移轉叢集運作架構，我們需要適合的硬體、軟體、權限……等，以及稍後所要介紹的網路環境及儲存資源。

硬體規劃

在容錯移轉叢集運作環境中的硬體伺服器，應該採用通過 Windows Server 硬體驗證的伺服器，如同我們在《第 1 章： 加速 Hyper-V 部署作業》章節中所提到的，你應該採用通過 Windows Server 2012 R2 認證的硬體，來建構微軟 Hyper-V 容錯移轉叢集運作架構。

同時，建構 HA 高可用性運作架構硬體伺服器的部分，應該採用相同的硬體元件，以確保一致性並降低複雜度。雖然，採用多台硬體元件不同的硬體伺服器（例如，記憶體空間大小不同），仍然能夠建置容錯移轉叢集，但這樣的情況下除了造成複雜度提高之外，實務上這也不符合最佳建議作法。

在 CPU 處理器的選擇方面，容錯移轉叢集當中的節點主機應該採用一模一樣的 CPU 處理器，即便 CPU 處理器都是 Intel CPU 或 AMD CPU ，也都可能因為世代不同而有指令集不同的情況，導致的結果就是可能無法執行「**即時遷移**」（**Live Migration**）的動作。

雖然，在 Hyper-V 容錯移轉叢集運作架構中，有提供 CPU 處理器相容模式，讓新舊 CPU 處理器混用的運作架構仍然能夠進行即時遷移。但是，這樣的運作架構對於運作效能將有負面影響，主要原因在於新舊 CPU 處理器指令集不同，而相容模式將會為了相容性而捨棄新處理器功能及效能，因此應該要避免這樣的情況發生。此外，針對老舊 CPU 處理器的處理方式，建議你可以將舊有的 CPU 處理器實體伺服器集合後，建構另一個容錯移轉叢集用來運作研發或測試工作負載，而非運作需要高效能的線上營運環境工作負載。

當企業或組織建置容錯移轉叢集運作架構後，隔一段時間想要再增加叢集節點主機，卻發現找不到當初所採購一模一樣的硬體伺服器時，你可以先確認目前叢集節點主機的 CPU 處理器型號，並且透過 Intel 網站（`http://ark.intel.com`）或 AMD 網站（`http://products.amd.com`），詳細比較 CPU 指令集之後選擇最適合的 CPU 處理器，並選擇通過硬體合作夥伴驗證的硬體伺服器。

再次提醒，企業或組織應該要確保所採購硬體伺服器的一致性，包括 CPU 處理器應具有相同指令集、記憶體空間大小相同、相同型號的網路卡、相同型號的硬碟控制器……等。

網路環境規劃

在單台硬體伺服器中，採用不同廠牌的網路卡是可用性的最佳作法，但是若以整體的角度來看，容錯移轉叢集中的所有硬體伺服器，則應該採用相同廠牌的網路卡。在網路流量方面，網路卡應該專用於 LAN 網路流量，或者專用於存取儲存資源的儲存流量，雖然採用融合式網路環境時，可能會把不同流量混合在一起，但在大多數情況下不應該將 2 種流量混合在一起。現在，在 Windows Server 2012 R2 運作架構中，已經不同於以往舊版的網路環境，舉例來說，在 Windows Server 2012 R2 版本中的「網路卡小組」（NIC Teaming），成員網卡最多可達 **32 個**網路連接埠（詳請參考《第 5 章：Network 效能規劃最佳作法》）。在本章當中，我們只會討論基本的網路架構設計，在叢集節點主機的網路連接埠數量，建議每台叢集節點應至少具有 **6 個**網路連接埠（建議用途如下所述），並且結合網路卡小組機制以確保網路可用性。如果，叢集節點主機的網路連接埠少於 5 個，那麼也可以採用「融合式網路」（Converged Network）的方式，來處理各種不同的網路流量（詳請參考《第 5 章： Network 效能規劃最佳作法》）。

1. 第 1 個網路連接埠，負責 Hyper-V 主機的管理流量，並確保能夠連接至 Active Directory 網域控制站。此網路連接埠，不應該有任何 VM 虛擬主機流量，或容錯移轉叢集通訊流量。

2. 第 2 個網路連接埠，負責容錯移轉叢集中節點主機之間，針對 VM 虛擬主機的線上即時遷移流量。
3. 第 3 個網路連接埠，負責 VM 虛擬主機對外溝通的網路流量，我們會把 VM 虛擬主機的虛擬網路卡連接到此實體網路卡，進而與實體網路環境溝通。
4. 第 4 個網路連接埠，負責容錯移轉叢集中節點主機之間互相通訊。前 4 個網路連接埠可以採用 Windows Server 網路卡小組機制繫結起來，或者採用 Windows Server 網路虛擬化技術，達成融合式網路架構。
5. 第 5 個網路連接埠，負責存取儲存資源的儲存流量。如果，在你的運作環境中並沒有 iSCSI 或 SMB 3 儲存資源，那麼便不需要此網路連接埠。如果，在你的運作環境中，採用的是**光纖通道 SAN** 儲存資源，那麼此網路連接埠應該要替換為 FC-HBA 介面卡，若是採用「**直接連結存放裝置**」（**Direct Attached Storage，DAS**）的話，那麼此網路連接埠應該替換為 SAS 介面卡。
6. 第 6 個網路連接埠，為存取儲存資源的儲存流量備援連接埠，也就是建立 MPIO 多重路徑機制存取 iSCSI 儲存資源。值得注意的是，應該建立 MPIO 多重路徑而非網路卡小組，去存取 iSCSI 儲存資源。

不像舊版 Windows Server 必須要有專用的心跳叢集網路。現在，在 Windows Server 2012 R2 版本中，所有叢集網路都會自動用來與其它叢集節點主機，發送心跳信號以便互相進行偵測。

如果，在你的網路運作環境當中，並沒有採用 1 GbE 而是 10 GbE 網路環境的話，那麼建議應該採用融合式網路架構才是最佳作法（詳請參考《第 5 章： Network 效能規劃最佳作法》）。

儲存資源規劃

在叢集當中所有的節點主機，必須要能存取共享儲存資源中的 VM 虛擬主機，這個共享儲存資源可能是 NAS、SAN 或是 Windows SOFS（Scale-Out File Server）……等，並且 VM 虛擬主機的虛擬硬碟就存放於其中。在《第 4 章：Storage 效能規劃最佳作法》章節中，我們將會介紹及討論更多儲存解決方案的詳細資訊。在本章中，我們將利用 NetApp 儲存設備提供 SAN 儲存資源，典型的 SAN 儲存解決方案是建立 LUN 儲存資源，當然你也可以建立 SMB 3 的檔案共享資源，給予 Windows Server 2012 R2 主機掛載使用。

首先，我們把多台 VM 虛擬主機，指定存放到相同的「**叢集共用磁碟區**」（**Cluster Shared Volume，CSV**）當中。事實上，將所有 VM 虛擬主機統一集中存放在同一個 CSV 當中，並非最佳建議及作法，經驗法則是每台叢集節點各自擁有一個 CSV 才是最佳建議及作法，倘若容錯移轉叢集達到節點主機 8 台以上的運作規模，那麼也建議每 2 ~ 4 台節點主機便建立一個 CSV。請依照下列操作步驟建立 CSV 叢集共用磁碟區：

1. 確保所有運作元件及介面卡（例如， SAN、HBA、NIC……等），都採用已經通過 Windows Server 2012 R2 硬體驗證，並且韌體版本也都更新至最新穩定版本。
2. 將 Hyper-V 主機，以 iSCSI 或光纖通道（Fibre Channel，FC）的方式，連接到 SAN 儲存資源。
3. 在 SAN 儲存設備中，建立 2 個 LUN 並且確保採用最佳化 Hyper-V 工作負載（在 NetApp 儲存設備中，請選擇 LUN 類型為 Hyper-V）。同時，請確保 LUN 儲存空間，可以存放所有 VM 虛擬主機的虛擬磁碟。
4. 將 2 個 LUN 的標籤名稱命名為 CSV01 及 CSV02 ，並且給予適當的 LUN ID。
5. 建立一個小空間的 LUN ，並且將 LUN 的標籤名稱命名為 Quorum。
6. 指定容錯移轉叢集中所有 Hyper-V 主機，都能夠存取到這些 LUN 儲存空間。
7. 同時，這些 LUN 儲存空間，不應該開放給其它主機或叢集存取。
8. 安裝 Hyper-V 主機 DSM 裝置及驅動程式（後續，將與 MPIO 多重路徑機制協同運作）。
9. 安裝 DSM 裝置及驅動程式後，重新整理 Hyper-V 主機的磁碟管理，並將儲存空間格式化為 NTFS 檔案系統。
10. 鍵入下列指令，以便為 Hyper-V 主機安裝 MPIO 伺服器功能：

```
Install-WindowsFeature -Name Multipath-IO –Computername ElanityHV01,
ElanityHV02
```

在上述範例指令中，我們幫 `ElanityHV01` 及 `ElanityHV02` 這 2 台電腦主機，安裝 MPIO 伺服器功能，以便後續能夠設定 MPIO 多重路徑機制。

典型的 SAN 儲存設備，通常會配置 2 個儲存控制器，以便確保能夠獲得最佳工作負載、運作效能、可用性……等。

如果，在你的運作環境當中是採用 SMB 3 儲存資源。那麼，上述的操作步驟便不適合你，請執行下列操作步驟：

1. 透過 Windows Server 2012 R2 版本中，內建的 Storage Space 技術建立儲存空間，可以的話應該使用「**儲存分層**」（**Storage Tiering**）機制，以便提供高效能的儲存資源。
2. 建立可用於應用程式工作負載的 SMB 3 檔案共享資源。
3. 設定 SMB 3 檔案共享資源權限，請組態設定容錯移轉叢集電腦帳戶，以及 Hyper-V 主機電腦帳戶具有「**完整控制**」（**Full Control**）的權限。

有關儲存資源的規劃設計及組態配置的詳細資訊，請參考《第 4 章： Storage 效能規劃最佳作法》。

硬體伺服器及軟體需求

在《第 1 章： 加速 Hyper-V 部署作業》章節中，我們已經部署 1 台 Hyper-V 主機。接著在本章中，要建立容錯移轉叢集運作環境，則需要安裝第 2 台 Hyper-V 主機。因此，請使用同樣的自動化安裝檔案進行部署動作，但是請記得更改固定 IP 位址及主機名稱，同時部署完畢之後請將這 2 台 Hyper-V 主機，加入到相同的 Active Directory 網域環境。再次提醒，雖然 Hyper-V 主機跟 Active Directory 網域的依存關係，已經不像舊版有極高相互依賴的問題，因此可以不加入 Active Directory 網域環境，但是就管理便利性及功能完整性來看，你還是應該將 Hyper-V 主機加入 Active Directory 網域環境，然後建立容錯移轉叢集運作環境。

請分別在 2 台 Hyper-V 主機上，建立名稱相同的 vSwitch 虛擬網路交換器。同時，為了確保容錯移轉叢集運作環境的穩定性，你應該為 2 台 Hyper-V 主機安裝最新且數量相同的安全性更新。

如果，在你的運作環境中已經建置 System Center 2012 R2 時，那麼你可以透過 System Center Virtual Machine Manager 的管理功能，輕鬆建立一個 Hyper-V 容錯移轉叢集環境（詳請參考《第 7 章： 透過 System Center 進行管理》）。或是，繼續閱讀本章進行相關操作步驟。

整合容錯移轉叢集

當我們準備好 Hyper-V 主機後，稍後將會使用 PowerShell 來建立容錯移轉叢集環境。現在，我假設你已經將 Hyper-V 主機，順利連接至儲存資源及網路交換器，並且已經安裝好 Hyper-V 伺服器角色，以及其它所需要的伺服器功能及驅動程式。

1. 首先，我們應該要確保 Hyper-V 的電腦名稱、日期、時間是否正確。在時間及時區的部分，應該透過 GPO 群組原則進行組態設定。
2. 因為，預設的網路卡名稱難以識別其功能性，所以請鍵入下列 PowerShell 指令，重新命名網路卡名稱以利識別：

```
Rename-NetAdapter -Name "Ethernet0" -NewName "Host"
Rename-NetAdapter -Name "Ethernet1" -NewName "LiveMig"
Rename-NetAdapter -Name "Ethernet2" -NewName "VMs"
Rename-NetAdapter -Name "Ethernet3" -NewName "Cluster"
Rename-NetAdapter -Name "Ethernet4" -NewName "Storage"
```

上述指令執行後，**網路連線**視窗中網路卡名稱應該如下圖所示：

重新命名 Hyper-V 主機網路卡

3. 接下來，我們需要為每張不同用途的網路卡配置固定 IP 位址。如果，在你的運作環境中沒有 DHCP 伺服器，那麼請分別為每張網路卡設定不同 IP 位址（不同子網路）。有關快速為每張網路卡設定 IP 位址的詳細資訊，請參考 Thomas Maurer 的部落格文章 `http://bit.ly/Upa5bJ`。
4. 接著，就可以為我們 2 台 Hyper-V 主機，安裝容錯移轉叢集伺服器功能：

```
Install-WindowsFeature -Name Failover-Clustering
-IncludeManagementTools -Computername ElanityHV01, ElanityHV02
```

5. 在我們開始建立容錯移轉叢集之前，應該先執行建立叢集前驗證運作環境的動作，以確保目前的 Hyper-V 主機符合叢集運作的條件。請鍵入下列 PowerShell 指令：

```
Test-Cluster ElanityHV01, ElanityHV02
```

執行 Test-Cluster 指令，以便在建立叢集前驗證運作環境

開啟容錯移轉叢集驗證報告 `.mht` 檔案，便可以看到詳細的驗證資訊。如下圖所示：

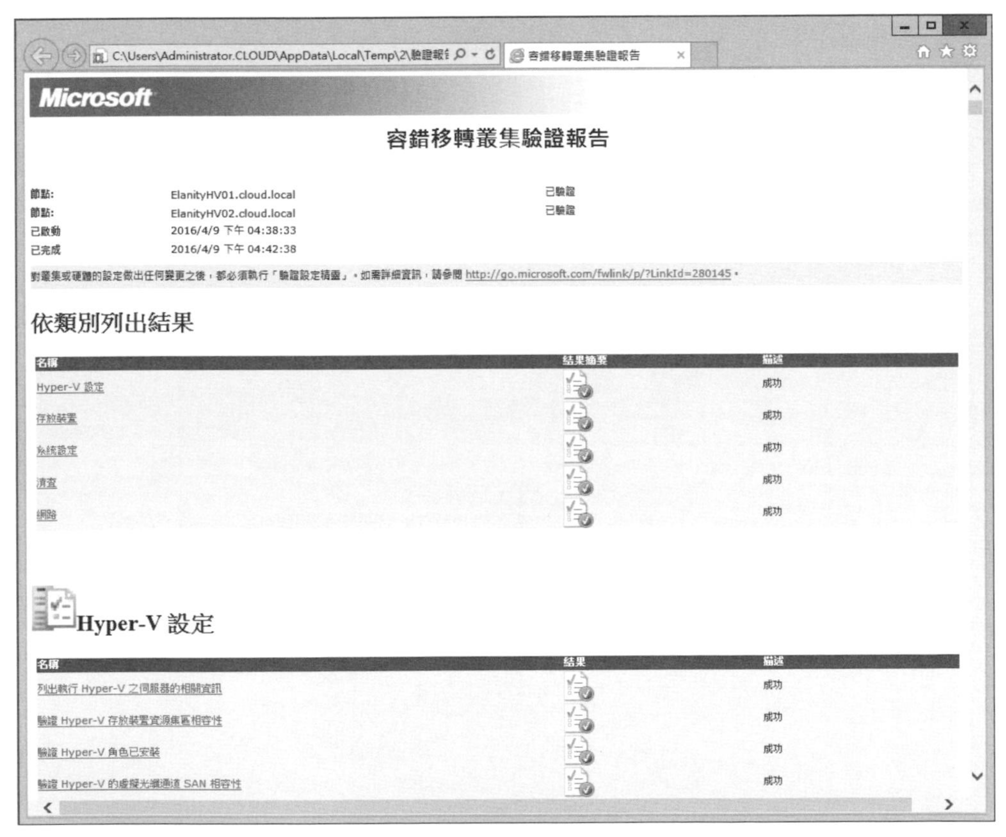

容錯移轉叢集驗證報告

如果，在叢集驗證報表內容中看到任何警告或錯誤訊息時，那麼應該調查清楚是什麼問題所導致的。倘若，在叢集驗證報表內容中未出現任何警告或錯誤訊息時，那麼便可以肯定目前的 Hyper-V 主機，已經完全符合容錯移轉叢集的運作條件，同時也確保容錯移轉叢集建立後的穩定性及可用性。然後，便可以鍵入下列 PowerShell 指令，執行建立容錯移轉叢集的動作：

```
New-Cluster
-Name CN=ElanityClu1,OU=Servers,DC=cloud,DC=local
-Node ElanityHV01, ElanityHV02
-StaticAddress 192.168.1.49
```

上述建立叢集的指令執行後，將會建立名稱為 `ElanityClu1` 的叢集，並且此叢集對外服務的 IP 位址為 192.168.1.49。此外，這個叢集的成員節點主機為 `ElanityHV01` 及 `ElanityHV02`。

事實上，上述指令在建立容錯移轉叢集的過程中，將會建立叢集電腦帳戶並存放至相對應的 OU 容器內。倘若，後續需要重新命名叢集電腦帳戶，或者搬移叢集電腦帳戶至其它 OU 容器也都沒有問題。

現在，你可以開啟「**容錯移轉叢集管理員**」（**Failover Cluster Management**），並連接到剛才所建立的容錯移轉叢集：

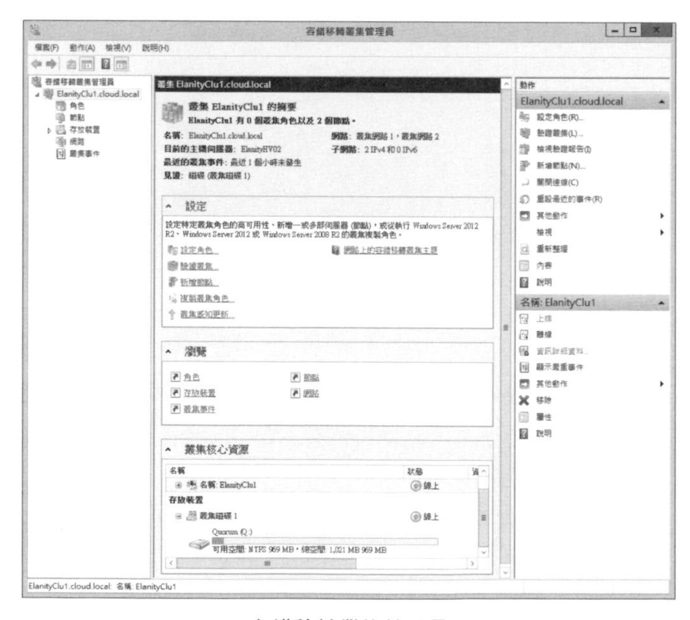

容錯移轉叢集管理員

在容錯移轉叢集管理員視窗中，你可以看到所有**成員節點主機**及**叢集核心資源**的狀態。請注意，如果你的成員節點主機有更換任何硬體元件時，那麼你應該重新進行叢集驗證程序，並檢查容錯移轉叢集驗證報告 .mht 檔案內容，是否有任何警告或錯誤訊息，以確保容錯移轉叢集的穩定性。

至此，容錯移轉叢集運作環境已經建立完成，接著便可以繼續相關的組態設定作業。

仲裁的組態設定

「**仲裁**」（**Quorum**），在容錯移轉叢集運作環境中是非常重要的部分，尤其是當你的叢集成員節點主機為偶數時更顯重要。仲裁的功用，在於能夠確保叢集環境中資料的完整性，舉例來說，當叢集原本為單數節點主機的情況下，有節點主機發生網路連接失敗的情況，此時總數變成偶數節點主機的運作環境，有可能因為網路連接失敗導致互相隔離成 2 個叢集，也就是叢集環境發生「**腦裂**」（**Split-Brain**）的情況，最後將會導致叢集服務停止運作。事實上，在容錯移轉叢集運作環境中，是以「**投票**」（**Vote**）運作機制來解決腦裂的問題，原則上每台節點主機具有 1 票，當原本單數節點主機運作環境因為主機發生故障事件，使得節點主機總數成為偶數，此時因為已經建立好仲裁機制也具有 1 票的投票權，所以叢集便不會發生腦裂的情況。因此，這也是為什麼稍早之前我們規劃建立 1 GB 的 LUN 儲存空間，用意就是稍後將利用這個儲存空間存放叢集仲裁資訊。

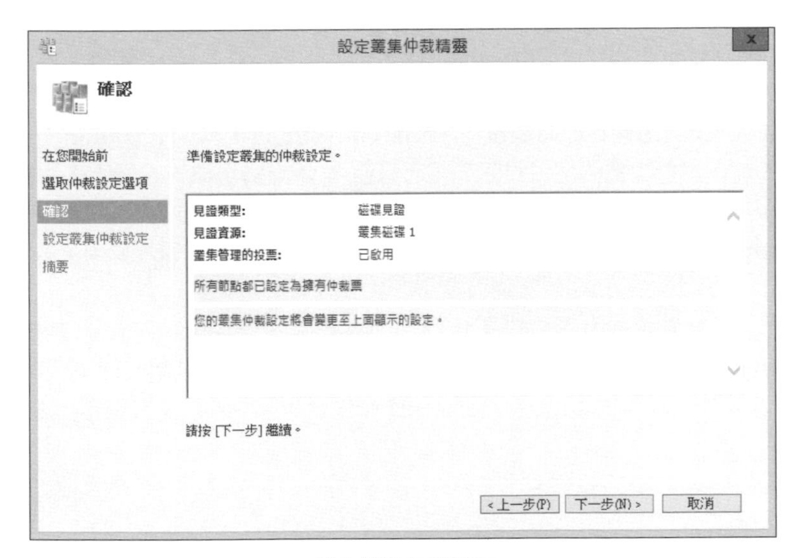

設定叢集仲裁精靈

仲裁可以存放至邏輯磁碟或是檔案共享當中，原則上你應該會喜歡將仲裁放到「**磁碟見證**」（**Disk Witness**），優先於存放在「**檔案共享**」（**File Share**）當中，舉例來說，將仲裁存放到磁碟見證時，將會儲存叢集資料庫的完整複本，但是若將仲裁存放在檔案共享中則不會。現在，最新版本的 Hyper-V 運作環境，其實不用像過去一樣費心仲裁的組態配置，當運作環境允許的情況下，你可以指定將仲裁採用磁碟見證或檔案共享，即便沒有儲存資源可以存放仲裁，容錯移轉叢集也會自動進行相關組態配置，管理人員不用去管叢集當中的節點主機數量為何。此外，最新版本的 Hyper-V 不管容錯移轉叢集中運作的節點主機數量，總數是單數還是偶數的情況下，都不用更改原有的仲裁模式，即使沒有進行仲裁資源的組態設定，叢集也會自動建立「**動態仲裁**」（**Dynamic Quorum**）機制。請執行下列 PowerShell 指令，以便建立仲裁並採用磁碟見證運作模式：

```
Set-ClusterQuorum -NodeAndDiskMajority "Cluster Disk 2"
```

上述指令是將仲裁存放於「Cluster Disk 2」叢集磁碟當中。如果，你希望將仲裁存放於檔案共享的話，請執行下列 PowerShell 指令：

```
Set-ClusterQuorum -NodeAndFileShareMajority \\ElanityFile01\Share01
```

即時遷移組態設定

「**即時遷移**」（**Live Migration**）功能，可以在 Hyper-V 主機之間線上不中斷的遷移運作中的 VM 虛擬主機。從 Windows Server 2012 版本開始，這項特色功能就不僅僅只是叢集功能了（也就是不用建立叢集環境也能執行），只是在大部分情況下通常都會在叢集環境中實作此功能。此外，你可以在獨立主機與容錯移轉叢集環境之間，執行即時遷移功能稱之為「**無共用儲存即時遷移**」（**Shared-Nothing Live Migration**），此時就不僅僅只移動 VM 虛擬主機的記憶體狀態，而是連 VM 虛擬主機的虛擬硬碟也一起遷移，因此可能會消耗大量的網路頻寬及傳輸時間。在一般情況下，執行無共用儲存即時遷移的次數，比起叢集中執行即時遷移或儲存即時遷移的次數來說，通常要少上許多。

即時遷移功能，通常用於計畫性維運作業的 Hyper-V 叢集環境，透過此功能將線上運作的 VM 虛擬主機，線上不中斷的遷移到其它正常服務的節點主機上繼續運作。這是在 Hyper-V 運作環境中，最廣泛使用的功能但往往有許多管理人員並未正確組態配置。

實作即時遷移功能，最重要的組態設定就是主機的身分驗證機制。預設情況下，Windows Server 2012 R2 Hyper-V 主機將會採用 **CredSSP** 身分驗證機制，雖然很容易使用但並非最安全的解決方案，同時我們也不推薦使用於線上營運環境中。此外，如果你採用 CredSSP 身分驗證機制的話，那麼在執行即時遷移的動作時，你必須登入到**來源端**主機才能順利執行即時遷移功能，這也是採用 CredSSP 身分驗證機制的限制條件之一。

如果，你所管理的 Hyper-V 主機都處於同一 Active Directory 網域時，那麼你可以採用 **Kerberos** 身分驗證機制，它提供高於 CredSSP 身分驗證機制的安全性及管理便利性。此外， Kerberos 身分驗證機制還可以設定使用者認證的權限範圍，透過下列 PowerShell 指令便可以設定 Active Directory 網域中，相關 Hyper-V 主機的委派服務管理機制：

```
$Host = "ElanityHV02"
$Domain = "Cloud.local"
Get-ADComputer ElanityHV01 | Set-ADObject -Add @{"msDS-
AllowedToDelegateTo"="Microsoft Virtual System Migration
Service/$Host.$Domain", "cifs/$Host.$Domain","Microsoft Virtual System
Migration Service/$Host", "cifs/$Host"}
```

同時，請確保上述指令執行之後，當 Hyper-V 主機重新啟動其組態配置仍有效。

事實上，上述指令只是設定 `ElanityHV01` 電腦帳戶中，允許 `ElanityHV02` 主機的委派服務管理，倘若在你的叢集運作環境中只有 2 台節點主機，那麼只要互相進行委派服務管理的動作即可。若是叢集運作環境中有多台節點主機時，那麼你需要將所有節點主機都設定委派服務管理（建議將它們放在同一個 OU 容器內，這是最佳作法），請參考 Robin 的部落格文章 `http://bit.ly/1hC0S9W`，透過文章中的 PowerShell 指令碼快速設定節點主機的委派服務管理。

當我們為叢集運作環境中所有的節點主機，處理好 Active Directory Kerberos 委派服務的部分，接著就可以鍵入下列指令啟用 Hyper-V 主機的即時遷移功能：

```
Enable-VMMigration -Computername ElanityHV01, ElanityHV02

Set-VMHost -Computername ElanityHV01, ElanityHV02
-VirtualMachineMigrationAuthenticationType Kerberos
```

在 Windows Server 2012 R2 版本中，即時遷移的效能選項預設採用「**壓縮**」（**Compression**）模式（在 2012 版本時，預設採用 **TCP/IP** 模式），也就是當即時遷移功能執行時會把 VM 虛擬主機的記憶體狀態，先進行壓縮處理後再進行傳送以減少整體傳輸時間，這樣的壓縮動作可以讓 1 GB/s 網路環境中的 Hyper-V 主機，更快速的將 VM 虛擬主機遷移到另一台 Hyper-V 主機上。預設情況下，並行即時移轉的數值為 2，執行下列 PowerShell 指令後可以將並行的數值調整為 4 ，讓 Hyper-V 主機執行即時遷移時，能夠同時並行多個傳輸程序加快傳輸效率，並且採用 10 GB/s 網路環境並結合 SMB 3 的話，將能夠提供更好且更快速的傳輸效率：

```
Set-VMHost -Computername ElanityHV01, ElanityHV02
-MaximumVirtualMachineMigrations 4 -MaximumStorageMigrations 4
-VirtualMachineMigrationPerformanceOption SMBTransport
```

你也可以透過 Hyper-V 管理員手動調整即時遷移的並行數值：

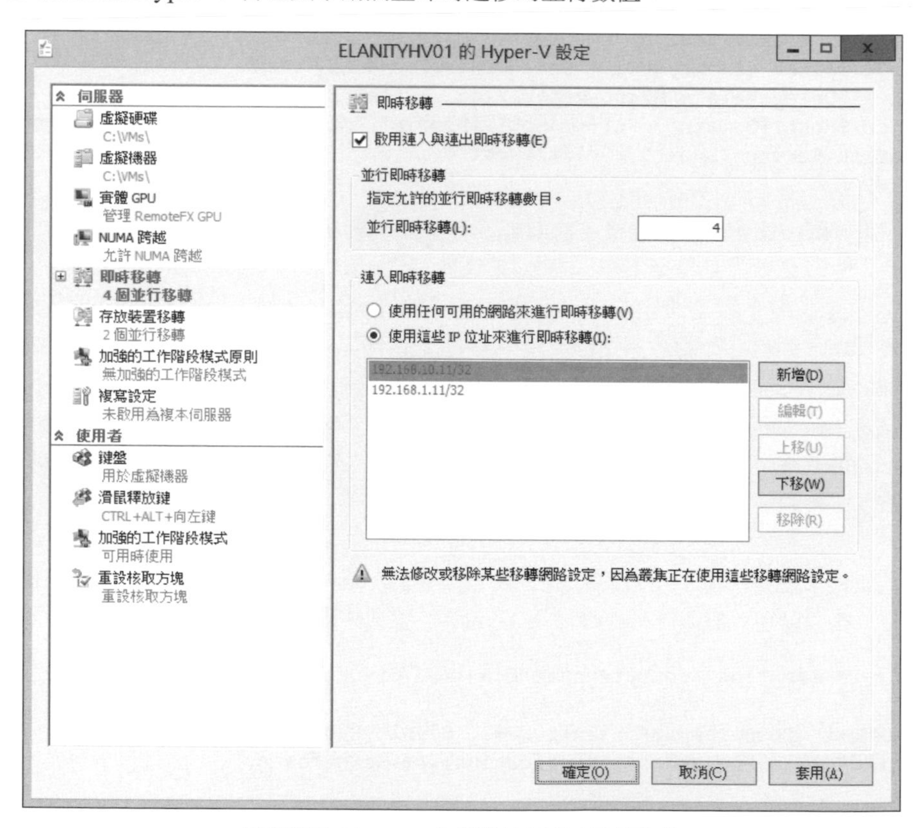

手動調整 Hyper-V 主機的並行即時移轉數值

如果需要的話，你也可以透過下列 PowerShell 指令，將即時遷移的相關參數調回系統預設值：

```
Set-VMHost -Computername ElanityHV01, ElanityHV02
-MaximumVirtualMachineMigrations 2 -MaximumStorageMigrations 2
-VirtualMachineMigrationPerformanceOption Compression
```

同樣的，你也可以透過 Hyper-V 管理員手動調整即時遷移效能選項：

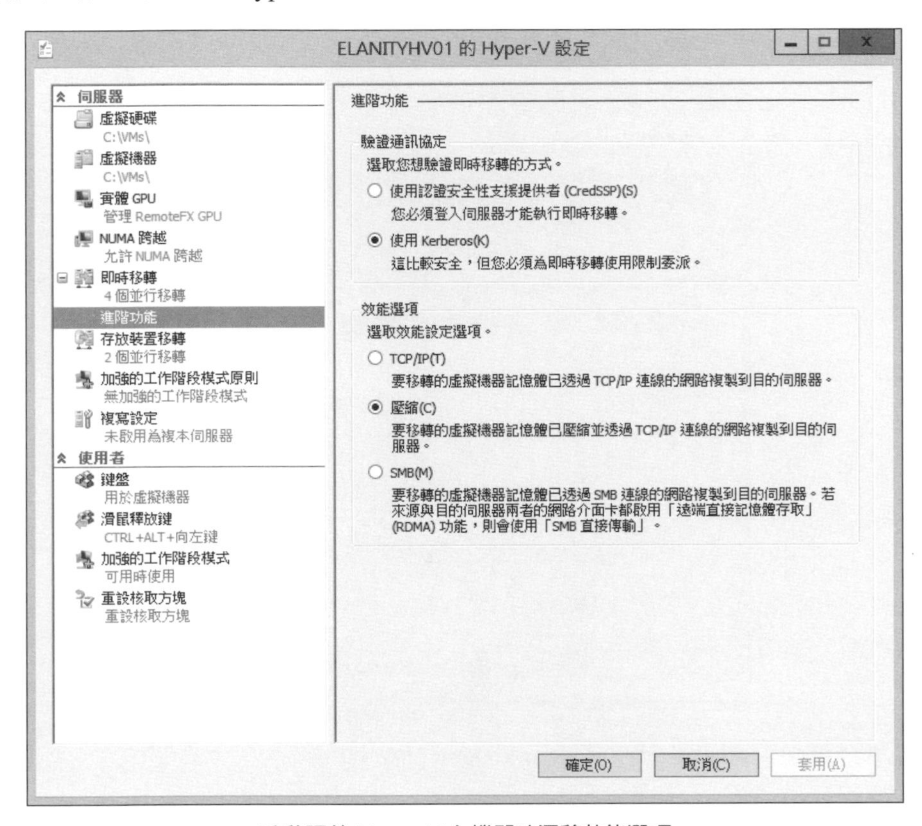

手動調整 Hyper-V 主機即時遷移效能選項

即時遷移最後的組態設定是，選擇要進行即時遷移傳輸的叢集網路。預設情況下，Hyper-V 主機將會使用所有可用的叢集網路，進行即時遷移的資料傳輸作業。但是，在實務上我們通常會規劃專屬的即時遷移網路，因此我們可以透過指定優先層級的方式（預設值為 5.000），讓 Hyper-V 主機執行即時遷移的動作時，優先使用我們所規劃的叢集網路環境進行傳輸：

```
Set-VMMigrationNework 192.168.10.* -Priority 4.000
(Get-ClusterNetwork -Name "Live-Migration").Role = 1
```

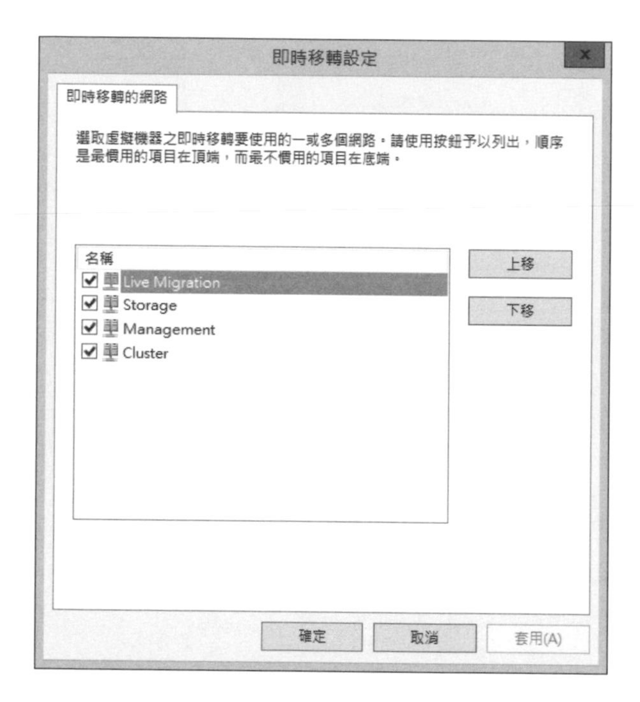

同時，我們也可以組態設定其它叢集網路的優先順序：

```
(Get-ClusterNetwork -Name "Management").Role = 3
(Get-ClusterNetwork -Name "Cluster").Role = 1
(Get-ClusterNetwork -Name "Cluster").Metric = 3.000
(Get-ClusterNetwork -Name "Storage").Role = 0
```

最後，在容錯移轉叢集管理員視窗中，我們應該看到的叢集網路狀態將如下圖所示：

順利完成即時遷移組態設定作業後，便可以開始在 `ElanityHV01` 主機上執行即時遷移的動作。請鍵入下列 PowerShell 指令，將 `ElanityHV01` 主機上的 VM01 虛擬主機，執行即時遷移功能移轉至 `ElanityHV02` 主機：

```
Move-VM "VM01" ElanityHV02
```

當 `ElanityHV01` 主機需要進行計畫性維運作業時，此時管理人員可以執行下列 PowerShell 指令，將 `ElanityHV01` 主機上所有的 VM 虛擬主機，執行即時遷移功能移轉至 `ElanityHV02` 主機上繼續運作：

```
Suspend-ClusterNode -Name ElanityHV01 -Target ElanityHV02 -Drain
```

至此，我們已經完成 **Hyper-V 主機層級**的容錯移轉叢集組態設定部分，至於更進階的功能例如，監控機制、容錯移轉叢集的效能調校……等，請參考《第 6 章：Hyper-V 最佳化效能調校》。

現在，當你準備將容錯移轉叢集加入至線上營運環境之前，你應該嘗試隨機對某台叢集節點主機拔除它的電源線（模擬電源模組發生非預期故障損壞事件），然後觀察其上運作的 VM 虛擬主機將會發生什麼事。請注意，你不應該只是在叢集節點主機上執行 Shutdown 指令進行測試，因為實務上發生故障損壞事件時，並不是單純的主機關機。

客體作業系統容錯移轉叢集

完成建置 Hyper-V 主機層級的容錯移轉叢集環境後，接著便可以建置 **VM 虛擬主機客體層級**的容錯移轉叢集環境。事實上，客體層級的容錯移轉叢集環境建置方式，與主機層級的建置方式一模一樣，但是客體叢集所保護的是 VM 虛擬主機當中，客體作業系統內運作的服務或應用程式，這樣的運作架構可以確保更高的可用性，並且當其中一台主機需要進行維運作業時，更能夠確保服務或應用程式的高可用性及穩定性。

同樣的建置方式，管理人員只需要執行驗證及建立叢集的動作即可。值得注意的是，當你為 VM 虛擬主機建立客體層級的叢集環境，例如，線上營運環境的 ERP 應用服務，那麼你應該避免將這 2 台 VM 虛擬主機，運作在 Hyper-V 叢集環境中同一台節點主機上，那麼你只需要透過「**反親和性**」（**Anti-Affinity**）規則即可達成目的。值得注意的是，若只有單純 Windows Server 2012 R2 運作環境，在容錯移轉叢集管理員操作介面中是無法設定的，你可以透過下列 PowerShell 指令，或結合 System Center Virtual Machine Manager（詳請參考《第 7 章： 透過 System Center 進行管理》），建立 VM 虛擬主機的反親和性規則：

```
(Get-ClusterGroup ERP-VM1).AntiAffinityClassNames = "GuestClusterERP1"
(Get-ClusterGroup ERP-VM2).AntiAffinityClassNames = "GuestClusterERP1"
```

當反親和性規則設定完成後，這 2 台 VM 虛擬主機便不會運作在同一台節點主機上。你可以透過下列 PowerShell 指令，查看指定的 VM 虛擬主機是否有設定反親和性規則：

```
Get-ClusterGroup VM1 | fl anti*
```

規劃客體叢集的網路環境

因為在 Hyper-V 主機層級的部分，我們已經規劃好不同工作負載的 5 種網路環境。因此，在 VM 虛擬主機層級中，便不需要那麼複雜的網路環境，我們只需要 3 種類型的網路即可：

- **客戶端網路：** 此網路環境將用於客戶端連接到服務或應用程式，所以此叢集網路應該設定為 Role = 0。
- **叢集網路：** 此網路環境，與 Hyper-V 主機的叢集網路採用相同的組態配置。
- **儲存網路：** 此網路環境，與 Hyper-V 主機的儲存網路採用相同的組態配置。

你可以發現，在客體叢集環境中叢集網路的部分，與 Hyper-V 叢集的叢集網路組態設定大致相同。

在客體叢集運作環境中，其中一種最佳建議作法便是調整預設的心跳偵測逾時門檻值。預設情況下，叢集節點主機的心跳偵測逾時門檻值為 **10** 秒（此預設值，適合 Hyper-V 實體主機叢集環境），但是在客體叢集環境中應調整為 **25** 秒（因為 TCP 的逾時時間通常為 20 秒，此設定值適合客體叢集環境）。請執行下列 PowerShell 指令，調整客體叢集主機心跳偵測逾時門檻值：

```
(Get-Cluster).CrossSubnetThreshold = 25
(Get-Cluster).SameSubnetThreshold = 25
```

規劃客體叢集的儲存資源

在客體叢集網路的部分，我們已經享受到實體主機叢集網路的好處，接著我們來看看在客體叢集儲存資源的部分。原則上，跟實體主機叢集規劃儲存資源一樣的方式，但是在客體叢集中多了另一種儲存資源選項，也就是「**共享式 VHDX**」（**Shared VHDX**）：

- **共享式 VHDX：** 這是 Windows Server 2012 R2 版本新增的特色功能，它能夠允許多台 VM 虛擬主機，同時連接及存取單一虛擬磁碟。
- **vHBA 虛擬光纖通道：** 這是 Windows Server 2012 版本新增的特色功能，它能夠將實體 Hyper-V 主機的光纖通道功能傳遞給 VM 虛擬主機。
- **iSCSI：** VM 虛擬主機可以透過 iSCSI 啟動器，連線到 iSCSI 目標伺服器儲存資源。

最後 2 項儲存資源選項，在《第 4 章： Storage 效能規劃最佳作法》章節中，我們將會進一步說明這部分。現在，我們將使用共享式 VHDX 來建立客體叢集環境：

1. 建立 2 台 VM 虛擬主機，安裝及建立容錯移轉叢集運作環境，並且將它們存放於 CSV 叢集共用磁碟區內。

2. 透過下列 PowerShell 指令建立 2 個共享式 VHDX 磁碟，1 個用於儲存資源另 1 個則用於叢集仲裁：

```
New-VHD -Path C:\ClusterStorage\Volume1\VMERPHA_Shared.VHDX -Fixed
-SizeBytes 60GB Add-VMHardDiskDrive -VMName VMERP01 -Path
C:\ClusterStorage\Volume1\VMERPHA_Shared.VHDX -ShareVirtualDisk


Add-VMHardDiskDrive -VMName VMERP02 -Path C:\ClusterStorage\Volume1\
VMERPHA_Shared.VHDX -ShareVirtualDisk


New-VHD -Path C:\ClusterStorage\Volume1\VMERPHA_quorum.VHDX -Fixed
-SizeBytes 1GB


Add-VMHardDiskDrive -VMName VMERP01 -Path C:\ClusterStorage\Volume1\
VMERPHA_quorum.VHDX -ShareVirtualDisk


Add-VMHardDiskDrive -VMName VMERP02 -Path C:\ClusterStorage\Volume1\
VMERPHA_quorum.VHDX -ShareVirtualDisk
```

3. 為客體作業系統建立叢集環境，並使用剛才所建立的共享式 VHDX 磁碟，並將服務或應用程式運作在共享式 VHDX 磁碟內。

如果，在你的運作環境中並沒有 SMB 3 儲存資源時，那麼你應該採用共享式 VHDX 磁碟建置客體叢集，雖然共享式 VHDX 磁碟有一些功能限制，例如，不支援線上調整 VHDX 磁碟空間、不支援儲存即時遷移功能、不支援無共用儲存即時遷移功能、不支援 Hyper-V 複寫、Hyper-V 備份。但是，當運作環境中沒有 SMB 3 儲存資源時，採用共享式 VHDX 磁碟建置客體叢集是一項不錯的選擇。

CAU 叢集感知更新

現在，你已經建立容錯移轉叢集運作環境，並且能夠將線上營運環境中的服務或應用程式，遷移到叢集環境中運作並享有高可用性及穩定性。現在，我們將為容錯移轉叢集運作環境，加入「**叢集感知更新**」（**Cluster-Aware Updating，CAU**）機制，以確保 Hyper-V 叢集能夠保持最新安全性更新，同時降低管理人員的維運成本。當 CAU 運作機制啟動後，將會自動下載最新的 Windows 安全性更新，當節點主機準備安裝更新時，將會透過即時遷移機制將節點主機上的 VM 虛擬主機，線上不中斷的遷移至其它節點主機上繼續運作。因此，我們可以在一天當中的任何時間，進行容錯移轉叢集運作環境的安全性更新作業，請執行下列 PowerShell 指令，為容錯移轉叢集啟用 CAU 叢集感知更新機制：

```
Add-CauClusterRole -ClusterName CAUElanityHA-01 -Force -CauPluginName
Microsoft.WindowsUpdatePlugin -MaxRetriesPerNode 3 -CauPluginArguments @
{ 'IncludeRecommendedUpdates' = 'True' } -StartDate "5/6/2016 3:00:00 AM"
-DaysOfWeek 4 -WeeksOfMonth @（3）-verbose
```

CAU 叢集感知更新機制，也可以結合企業或組織當中的 WSUS Server ，當成 CAU 下載安全性更新的來源。詳細資訊請可以參考 Altaro 部落格文章 `http://bit.ly/Vl7y24`。

結語

在本章節當中，你已經學習到如何規劃設計及建立 Hyper-V 容錯移轉叢集，以及 VM 虛擬主機層級的客體叢集，同時也學習到儲存及網路資源的高可用性基本概念，並且進行相關的最佳化組態配置，以確保容錯移轉叢集運作環境的穩定性。

在下一章《第 3 章： 備份及災難復原》當中，我們將討論當企業或組織發生災難事件時，該如何確保服務能夠快速恢復運作並復原遺失的資料。

3

備份及災難復原

無論你所管理的虛擬化平台，採用哪種備份或備援技術：Windows Server Backup、Azure Backup、Azure Site Recovery、Hyper-V Replica 或其它第 3 方資料保護解決方案，你都應該要清楚了解及定義你的 RTO 及 RPO 目標。單一解決方案適合所有環境的日子已經結束，不同的技術將帶來不同的益處，最重要的是你需要了解 SLA 需求，以及它們可以幫助你解決日常工作中的哪些難題。

Mike Resseler – MVP Hyper-V

當企業或組織的營運資料，發生人為錯誤或技術問題而造成資料遺失時，該如何面對這樣的衝擊並快速恢復營運，甚至當企業及組織普遍使用伺服器虛擬化技術之後，很有可能最重要的資產便是 VM 虛擬主機本身。在本章節當中，將要幫助你熟悉 Hyper-V 主機及 VM 的備份方式，以及如何透過「**Hyper-V 複本**」（**Hyper-V Replica**）運作機制，因應災難事件發生時自動化完成災難復原流程。

本章將討論下列技術議題：

- Hyper-V 複本及延伸複本機制。
- Azure Site Recovery 管理員。
- Hyper-V 及 Windows Server Backup。

保護 Hyper-V 運作環境

如何準備完整的備份及災難復原機制，以便災難事件發生時能夠快速因應。一般情況下，管理人員最常處理的復原任務，就是救援在檔案伺服器中被誤刪的檔案，通常眾多 VM 虛擬主機或整個 Hyper-V 叢集，同時發生故障損壞事件的機率並不高。但是，許多企業或組織對於 IT 基礎架構中的運作元件，很多在設計規劃上並沒有預防「**單點失敗**」（**Single Points of Failures， SPOF**）的機制，因此當單一運作元件發生故障損壞事件時，便有可能導致整個服務停擺，以下便是常見情況：

- 採用非鏡像式的儲存系統。
- 採用單台核心網路交換器。
- 網站只有單一網路介面。
- 只有單台主機的身分驗證系統。

雖然，典型的 IT 基礎架構中一定有提供災難復原機制，然而導致災難事件發生的頭號名單，通常不是由軟體或硬體所導致的，根據 Acronis 備份公司的統計結果顯示，有 50 % 以上的災難事件是由人為錯誤所導致的結果，例如，誤刪 VM 虛擬主機、將用於 Lab 環境的指令執行在營運環境中、輸入錯誤的 IP 位址，或者最經典的錯誤情況就是管理人員絆倒電源線，造成伺服器斷電事件。在前面的章節當中，你已經學習到很多關於高可用性的相關知識，你無法預知 Hyper-V 運作環境將會遭受怎樣的災難事件，你必須決定對於災難事件發生時採取的處理方式，以及盡量避免目前的運作架構產生哪些風險。那麼，讓我們快轉到你已經用盡所有高可用性機制，但是仍無法阻止災難事件發生的情況。

Hyper-V 複本

Hyper-V 複本特色功能，是 Hyper-V 災難復原的核心技術之一，它以近乎即時傳送的方式將 VM 虛擬主機，由來源端 Hyper-V 主機複寫到目的端 Hyper-V 主機，資料複寫期間的時間間隔最短為 **30 秒**，同時複寫過去的 VM 虛擬主機，將具有相同的名稱、IP 位址、資料內容……等。同時，你也可以搭配使用 **VSS** 機制，以便為複寫過去的資料提供資料的完整性及一致性。這 2 台 Hyper-V 主機，可以無須採用相同的硬體伺服器及儲存系統，或者是處於相同的 Active Directory 網域，當災難事件發生時管理人員便可以在目的端 Hyper-V 主機上，手動將處於離線狀態的複寫 VM 虛擬主機啟動，復原資料的區間可以在 24 小時之內，至於資料遺失的部分最多只有幾分鐘而已。

當 SAN 儲存資源發生故障損壞事件時，從備份資料進行復原作業直到恢復線上運作的預估時間點如下：

1. 找出問題發生的原因： 30 分鐘。
2. SAN 儲存系統進行 SLA 更換作業： 8 小時。
3. 從 Tier 2 的備份系統恢復 TB 資料量： 48 小時。

當管理人員在複本主機上啟動 VM 虛擬主機後，便可以立即恢復線上營運服務。同時，管理人員可以將 VM 虛擬主機的複寫方向進行反轉，以便將目前備援站台上的 VM 虛擬主機，複寫回原有的主要站台上待適當的維運時機，再進行計畫性切換作業以便將線上營運服務，從目前的備援站台快速切換至主要站台繼續提供服務，這次因為是計畫性的切換作業，因此切換時間非常短並且不會有資料遺失的情況發生。

你可以在獨立主機之間進行 Hyper-V 複寫，也可以在叢集之間進行 Hyper-V 複寫，甚至可以在獨立主機與叢集之間進行 Hyper-V 複寫，但是你不能在單一叢集內的節點主機中，互相進行 Hyper-V 複寫作業。如果可以的話，你應該將複本主機置於其它站台，甚至是其它的地理位置才是最好的選擇，它們可能是透過廣域網路複寫到另一座資料中心，或者是 Microsoft Azure 公有雲運作環境。此外，在本章中我們也將討論，Hyper-V 複本與 Azure Site Recovery 管理員，以及如何透過 PowerShell 達成自動化任務，還有整合 System Center 2012 R2 Orchestrator（詳請參考《第 7 章： 透過 System Center 進行管理》）。

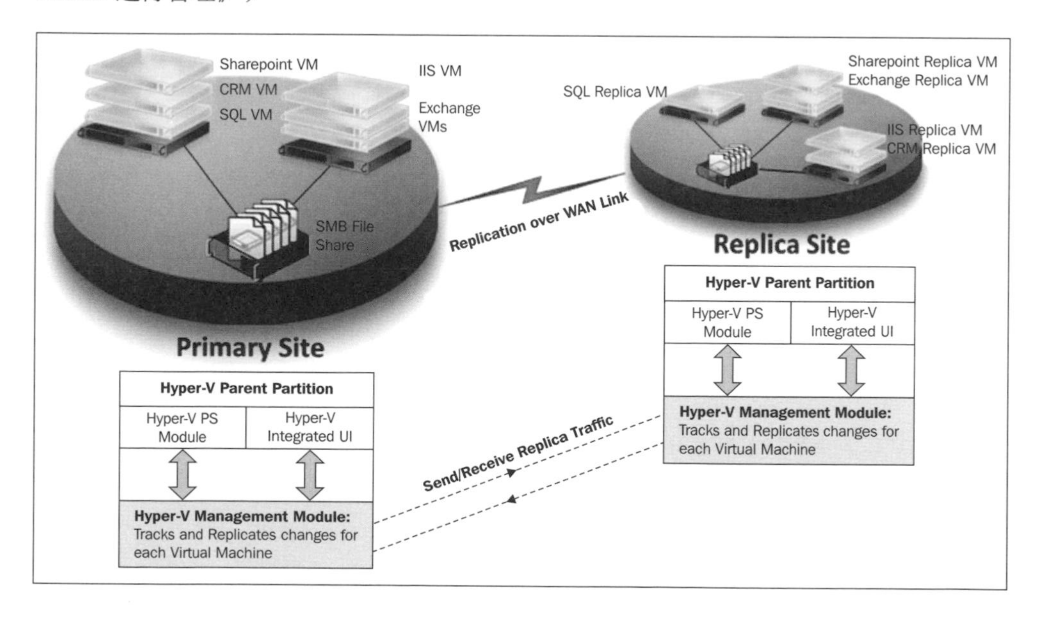

如果，在你的運作環境中備援站台採用較為便宜的儲存系統時，那麼他們僅適合擔任備援站台的角色，並運作非營運環境的 VM 虛擬主機，這是使用新舊硬體架構的最佳建議作法。然而，如果主要站台及備援站台擁有同樣等級的硬體設備時，那麼可以採用 2 個站台互相複寫互相備援的作法，以達到更高的資料可用性。

啟用 Hyper-V 複本

當你需要為運作中的 VM 虛擬主機啟用 Hyper-V 複本機制，只需要依照下列 5 個操作步驟即可：

1. 準備 Hyper-V 複本運作架構中的第 1 台主機（主要站台）。
2. 在複本站台（備援站台）中，啟用 Hyper-V 複本機制以便接收複本資料。
3. 選擇指定的 VM 虛擬主機後，進行組態設定及啟用 Hyper-V 複本機制。
4. 監控 VM 虛擬主機資料複寫情況。
5. 測試 Hyper-V 複本容錯移轉機制。

準備第一台主機

預設情況下， Hyper-V 主機並不會啟用 Hyper-V 複本機制。

你只需要執行下列 PowerShell 指令即可啟用：

```
Set-VMReplicationServer -AllowedAuthenticationType kerberos
-ReplicationEnabled 1
```

如果，需要同時對多台 Hyper-V 主機啟用 Hyper-V 複本機制，請執行下列 PowerShell 指令即可：

```
Set-VMReplicationServer -AllowedAuthenticationType kerberos
-ReplicationEnabled 1 –ComputerName "ElanityHost01", "ElanityHost02"
-DefaultStorageLocation "C:\ClusterStorage\Volume1\Hyper-V Replica"
```

預設情況下， Hyper-V 複本的身分驗證機制為 Kerberos。因此，如果所有的 Hyper-V 主機都加入同一 Active Directory 網域，那麼已經可以直接使用 Kerberos 身分驗證機制，倘若透過廣域網路互相連接不同的 AD 網域（複本站台中採用獨立 Active Directory 網域），那麼就必須改為採用「**憑證**」（**Certificate**）的身分驗證機制，以增加資料進行複寫時的安全性：

```
Set-VMReplicationServer -ReplicationEnabled 1 -AllowedAuthenticationType
Certificate -CertificateAuthenticationPort 8000 -CertificateThumbprint
"0442C676C8726ADDD1CE029AFC20EB158490AFC8"
```

當你需要將身分驗證機制，從原本的 Kerberos 轉換為憑證時，你必須要注意的是所有的 Hyper-V 主機，都必須要擁有憑證的私密金鑰才行，管理人員可以透過 GPO 群組原則，將信任的 CA 憑證中心所發出的憑證分發到相對應的主機。管理人員可以透過憑證範本，快速為運作環境中的 Hyper-V 主機建立憑證，並且憑證的 SN 部分請填入 Hyper-V 主機的 **FQDN**。倘若，在你的運作環境中並沒有 CA 憑證中心的話，建議你可以使用 **Makecert** 工具輕鬆建立自簽憑證。有關 Makecert 工具及 Hyper-V 複本採用憑證的詳細資訊，請參考 TechNet Virtualization 部落格文章《Hyper-V Replica Certificate Based Authentication – makecert》`http://bit.ly/YmgzK3`。

如果， Hyper-V 主機運作在容錯移轉叢集環境中，那麼 Hyper-V 複本機制只要設定 1 次即可。請執行下列 PowerShell 指令建立「**Hyper-V 複本代理人**」（**Hyper-V Replica Broker**）角色：

```
Add-ClusterServerRole -Name Replica-Broker –StaticAddress 192.168.1.5


Add-ClusterResource -Name "Virtual Machine Replication Broker" -Type
"Virtual Machine Replication Broker" -Group Replica-Broker


Add-ClusterResourceDependency "Virtual Machine Replication Broker"
Replica-Broker


Start-ClusterGroup Replica-Broker
```

此外，為了能夠讓 Hyper-V 複本流量順利通過防火牆，我們可以透過 GPO 群組原則進行設定，或是採用 **Kerberos** 身分驗證機制時執行下列 PowerShell 指令：

```
get-clusternode | ForEach-Object {Invoke-command -computername $_.name
-scriptblock {Enable-Netfirewallrule -displayname "Hyper-V Replica HTTP
Listener（TCP-In）"}}
```

再次提醒，若採用 **SSL 憑證**身分驗證機制時，必須要針對 Hyper-V 複本代理人的 FQDN 簽發憑證。同時，請執行下列 PowerShell 指令開啟防火牆規則：

```
get-clusternode | ForEach-Object {Invoke-command -computername $_.name
-scriptblock {Enable-Netfirewallrule -displayname "Hyper-V Replica HTTPS
Listener (TCP-In) "}}
```

預設情況下， Hyper-V 主機允許所有主機傳入 Hyper-V 複本流量。最佳建議作法，則是僅允許指定的主機能傳入 Hyper-V 複本流量，請執行下列 PowerShell 指令：

```
Set-VMReplicationServer -AllowedAuthenticationType kerberos
-ReplicationEnabled 1 -ComputerName "ElanityHost01", "ElanityHost02"
-DefaultStorageLocation "C:\ClusterStorage\Volume1\Hyper-V Replica"
-ReplicationAllowedFromAnyServer 0
```

接著，執行下列 PowerShell 指令：

```
New-VMReplicationAuthorizationEntry -AllowedPrimaryServer ElanityHost01.
elanity.local -ReplicaStorageLocation C:\ClusterStorage\Volume1\
-TrustGroup EYGroup01 -ComputerName ElanityHost02.elanity.local
```

上述指令中參數 `TrustGroup` 是個邏輯群組，請將所有允許的主機加入至「**安全性標籤**」（**Security Tag**）內。此外，你也可以使用萬用字元搭配網域，就無需單獨指定某些主機（例如，鍵入 `*.elanity.com`）。

至此，我們已經將獨立主機或叢集環境中， Hyper-V 複本機制的第 1 台主機準備好了。

準備其它主機

針對其它 Hyper-V 主機請重複上述操作步驟即可。如果，你的 Hyper-V 主機為獨立主機環境的話，那麼請確保使用一致的安全性標籤。

同樣的，你可以透過 Hyper-V 管理員，手動設定 Hyper-V 複本的安全性標籤。如下圖所示：

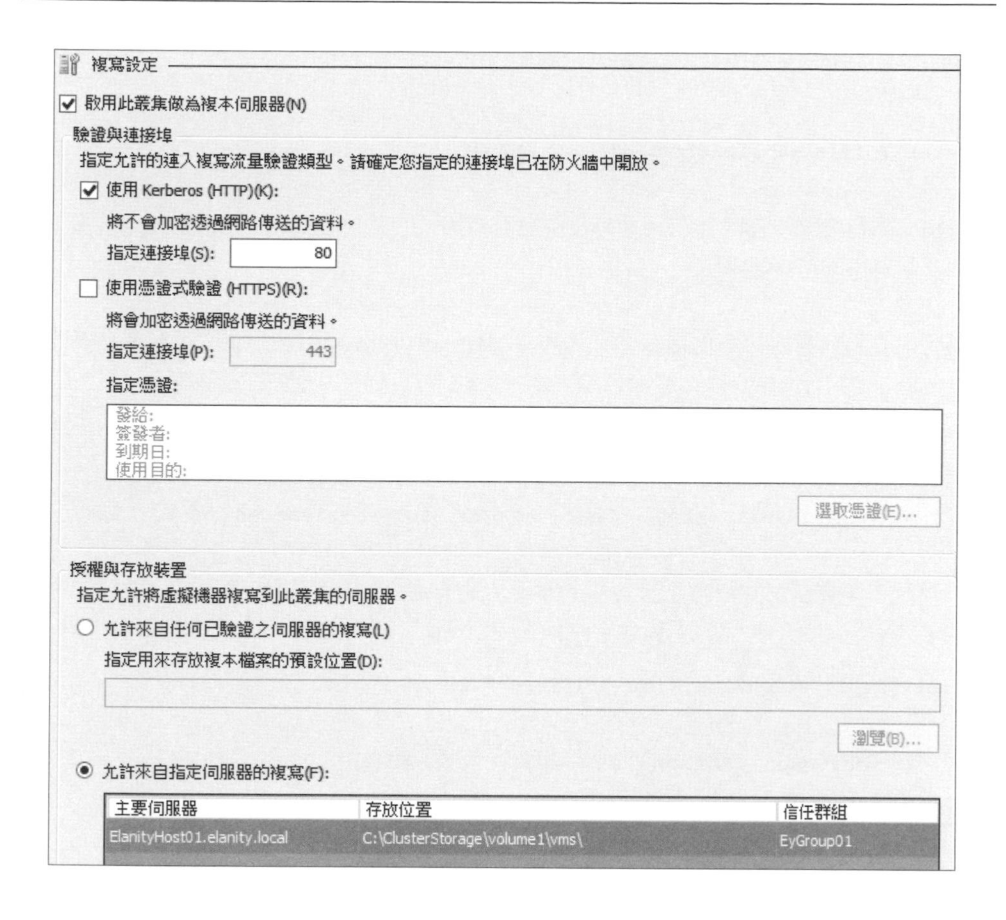

VM 虛擬主機啟用 Hyper-V 複本機制

你必須針對希望進行 Hyper-V 複本的 VM 虛擬主機，執行組態設定及啟用資料複寫等動作，一般來說你會選擇線上營運環境的 VM 虛擬主機。或者，你可以透過 PowerShell 來幫助你有效進行組態設定作業：

執行下列指令後，便可以指定名稱為 `EYVM01` 的 VM 虛擬主機複寫至 `EyHost02` 主機：

```
Set-VMReplication -VMName EYVM01 -ReplicaServerName EyHost02.elanity.
local -ReplicaServerPort 80
```

當組態設定及啟用資料複寫動作執行完畢後，便可以執行下列 PowerShell 指令，開始進行資料複寫初始化作業：

```
Start-VMInitialReplication -VMName EYVM01
```

上述指令執行後，便會自動開始進行資料複寫初始化的動作。此外，在 Hyper-V 複本中有個非常有用的功能建議啟用。

建議可以在資料複寫初始化指令中，加入 `-CompressionEnabled 1` 啟用壓縮功能的參數，也就是在 Hyper-V 複本流量傳輸之前，使用些許 CPU 運算能力壓縮封包後再進行傳送，如此一來可以有效節省 Hyper-V 複本的網路流量，強烈建議管理人員啟用壓縮功能。

```
Start-VMInitialReplication -VMName EYVM01 -CompressionEnabled 1
```

一般情況下，資料複寫初始化因為資料量極大將會嚴重耗用網路頻寬。因此，可以透過下列 PowerShell 指令，讓 Hyper-V 主機在特定時間才進行資料複寫流量的傳輸作業。

```
-InitialReplicationStartTime 5/1/2016 7:00 AM
```

此外，在 **`Set-VMReplication`** 指令中建議加入復原點參數：

```
-RecoveryHistory 24
```

Hyper-V 複本的復原點功能，最多可以建立 24 份復原點。舉例來說，如果主要站台中的 VM 虛擬主機，因為病毒的影響而發生故障損壞事件，此時便可以將主要站台中的 VM 虛擬主機關機，然後重新啟動於先前所建立的復原點，也就是在病毒損壞系統之前的時間點。透過這種方式，你可以在幾分鐘之內將系統從病毒破壞或人為疏忽中快速救援回來。

資料複寫頻寬，可以設定為 `30`、`300` 或 `900` 秒。針對前 50 台 VM 虛擬主機的複寫頻率，我建議採用 30 秒的資料複寫頻率，當 VM 虛擬主機數量超過 50 台時，則建議採用 300 秒的資料複寫頻率。同時，你必須要考慮 VM 虛擬主機的異動資料成長量，以及運作環境中的網路頻寬是否能夠負荷，以避免發生網路頻寬無法在複寫頻率之前，將 VM 虛擬主機的異動資料複寫完畢：

```
-ReplicationFrequencySec 30
```

為了確保應用程式的一致性，我們可以在 Hyper-V 複寫中結合 VSS 快照機制：

```
-VSSSnapshotFrequencyHour 4
```

上述指令執行後，將會每隔 4 小時進行 1 次 VSS 快照。

因此，綜合上述建議後 Hyper-V 複本機制的 PowerShell 指令，應該看起來如下：

```
Set-VMReplication -VMName EYVM01 -ReplicaServerName EyHost02.elanity.
local -ReplicaServerPort 80 -RecoveryHistory 24 -ReplicationFrequencySec
30 -VSSSnapshotFrequencyHour 4

Start-VMInitialReplication -VMName EYVM01 -CompressionEnabled 1
-InitialReplicationStartTime 5/1/2016 7:00 AM
```

針對你希望保護的 VM 虛擬主機，請執行上述 PowerShell 指令。

此外，最佳建議作法是 VM 虛擬主機在建立時，應該將暫存檔案儲存至不同的虛擬磁碟，同時在進行 Hyper-V 複寫時排除這個暫存用途的虛擬磁碟，以便節省網路頻寬同時加速傳輸速度，舉例來說， Windows 分頁檔案便是個很好的範例。詳細相關資訊請參考 TechNet Virtualization 部落格文章《Excluding virtual disks in Hyper-V Replica》`http://bit.ly/1pDtq4P`。

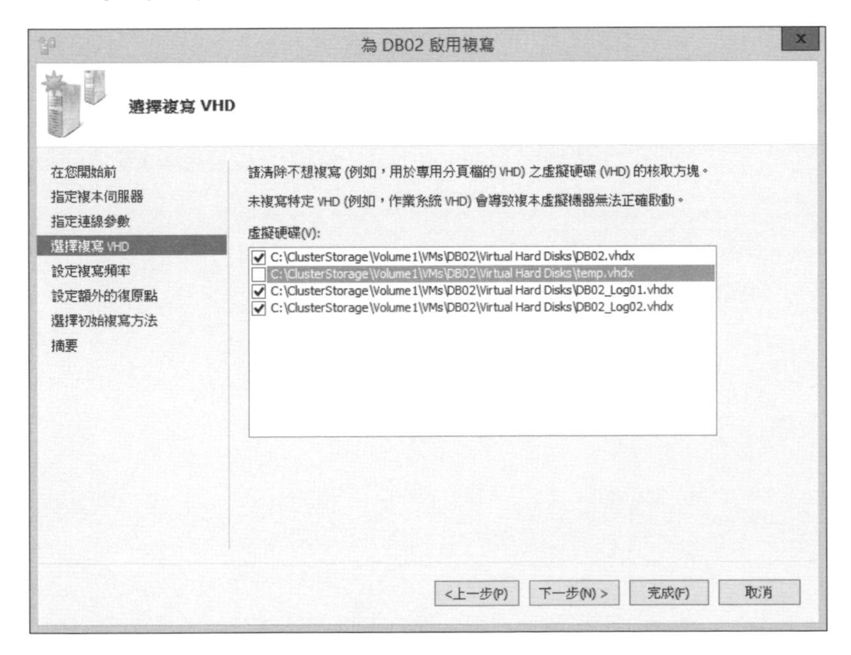

Hyper-V 複本技術，與 Windows 網路虛擬化及 QoS 服務品質管控機制，可以完全協同運作，這也是在上班期間網路頻寬使用高峰控管流量的好方法。詳細資訊請參考《第 5 章： Network 效能規劃最佳作法》。

事實上，Hyper-V 複本機制的所有組態配置，你都可以透過 Hyper-V 管理員手動配置完成。然而，你應該會更喜歡透過 PowerShell 指令，快速且自動化完成 Hyper-V 複本的組態設定，請執行下列 PowerShell 指令即可完成 2 台 Hyper-V 主機的 Hyper-V 複本設定：

```
$HVSource = "EyHost01"
$HVReplica = "EyHost02"
$Port = 80
$HVdisabld = get-vm -ComputerName $HVSource | where {$_.replicationstate
-eq 'disabled' }


foreach ($VM in $HVdisabld) {
  enable-VMReplication $VM $Replica $Port $Auth
  Set-VMReplication -VMName $VM.name   -ReplicaServerName $HVReplica
-ReplicaServerPort $Port -AuthenticationType kerberos -CompressionEnabled
  $true -RecoveryHistory 0 -computername $HVSource
  Start-VMInitialReplication $VM.name -ComputerName $HVSource
}
```

監控 Hyper-V 複本運作情況

你可以使用 `Measure-VMReplication | format-list *` 指令，獲得 Hyper-V 複本的資料複寫詳細資訊。或是整合 System Center Operations Manager 監控功能，獲得 Hyper-V 複本機制完整的健康情況：

系統管理員: Windows PowerShell
PS C:\> Measure-VMReplication | Format-List *
Name : DB02
Id : 7ccd5b4a-9799-47ac-95f5-5f99f5104430
State : Replicating
Health : Normal
LReplTime : 2016/4/11 下午 09:35:30
PReplSize : 12288
AvgLatency : 00:00:00
AvgReplSize : 12582912
SuccReplCount : 1
CurrentTask : {}
MonitoringStartTime : 2016/4/11 下午 09:35:30
MonitoringEndTime : 2016/4/11 下午 09:35:37
LastReplicationType : None
FailedOverReplicationType : None
LastTestFailoverInitiatedTime :
LastVSSSnapshotTime :
InitialReplicationSize : 0
PendingReplicationSize : 12288
AverageReplicationSize : 12582912829
MaximumReplicationSize : 12582912829
AverageReplicationLatency : 00:00:00
MaximumReplicationLatency : 00:00:00
ReplicationErrors : 0
SuccessfulReplicationCount : 1
MissedReplicationCount : 0
ReplicationHealthDetails : {}
ComputerName : ELANITYHV01
PrimaryServerName : ElanityHV01.cloud.local
CurrentReplicaServerName : ELANITYHV02.cloud.local
ReplicaServerName : ELANITYHV02.cloud.local
ReplicationState : Replicating
ReplicationHealth : Normal
ReplicationMode : Primary
LastReplicationTime : 2016/4/11 下午 09:35:30
LastAppliedLogTime :
ReplicatedDisks : {硬碟 於 SCSI 控制器編號 0 於位置 0, 硬碟 於 SCSI 控制器編號 0 於位置 2, 硬碟 於 SCSI 控制器編號 0 於位置 3}
AllowedPrimaryServer :
TestVirtualMachine :
VMId : 7ccd5b4a-9799-47ac-95f5-5f99f5104430
VMName : DB02
VMSnapshotId : 00000000-0000-0000-0000-000000000000
VMSnapshotName :
Key :
IsDeleted : False
ReplicationRelationshipType : Simple

Hyper-V 複本機制的測試及容錯移轉

你可以有多種測試方式，來驗證複寫過去的 VM 虛擬主機是否能正常運作。當你執行計劃性容錯移轉作業時，便能快速切換 VM 虛擬主機同時不會遺失任何資料。

```
Stop-VM -VMName EYVM01 -ComputerName ElanityHost01

Start-VMFailover -VMName EYVM01 -ComputerName ElanityHost01 -Prepare
```

上述 PowerShell 指令執行後，將會把 EYVM01 虛擬主機關機，同時準備進行容錯移轉的動作。請執行下列 PowerShell 指令進行計劃性容錯移轉測試：

```
Start-VMFailover -VMName EYVM01 -ComputerName ElanityHost02 -AsTest
```

當災難真正發生時，你只要把 -AsTest 參數移除便會立即執行容錯移轉作業。接著，執行下列 PowerShell 指令反轉複寫方向：

```
Set-VMReplication -VMName EYVM01 -ComputerName ElanityHost02 -Reverse
```

我經常被問到的問題，就是如何將容錯移轉的步驟自動化。但是，我強烈建議手動執行容錯移轉的動作，此舉能夠避免在主要及備援站台上 2 台 VM 虛擬主機同時啟動，造成 2 個站台之間出現腦裂的情況。如果，你還是希望能夠實作容錯移轉自動化功能的話，詳細資訊請參考 TechNet 部落格文章《Automated Disaster Recovery Testing and Failover with Hyper-V Replica and PowerShell 3.0 for FREE!》http://bit.ly/1sn0m4y。此外，本章稍後也將會介紹 Azure Site Recovery 的部分。

測試複本 VM 虛擬主機能否正常運作的另一種方式，便是進行「**測試容錯移轉**」作業，執行後便會將複本 VM 虛擬主機，在一個隔離的環境中建立 VM 虛擬主機，在不影響線上營運服務的情況下進行測試作業。因此，你可以在不受時間限制的情況下，隨時測試複寫過去的 VM 虛擬機是否能正常運作，詳細資訊請參考 TechNet Virtualization 部落格文章《Types of failover operations in Hyper-V Replica – Part I – Test Failover》http://bit.ly/1niNnK6。

在備援站台中的 VM 虛擬主機，有可能因為備援站台的網路環境與主要站台不同。因此，應該設定複寫過去的 VM 虛擬主機採用不同的網路配置：

```
Set-VMNetworkAdapterFailoverConfiguration 'EYVM01'
-IPv4Address 192.168.1.100
-IPv4SubnetMask 255.255.255.0
-IPv4DefaultGateway 192.168.1.254
-IPv4PreferredDNSServer 192.168.1.200
-IPv4AlternateDNSServer 192.168.1.201
```

執行下列指令，調整複本 VM 虛擬主機的 vSwitch 虛擬網路交換器設定：

```
Set-VMNetworkAdapter 'EYVM01'
-TestReplicaSwitchName 'vSwitchTest01'
```

現在，你可以開啟 Hyper-V 管理員查看剛才的網路組態設定是否套用生效：

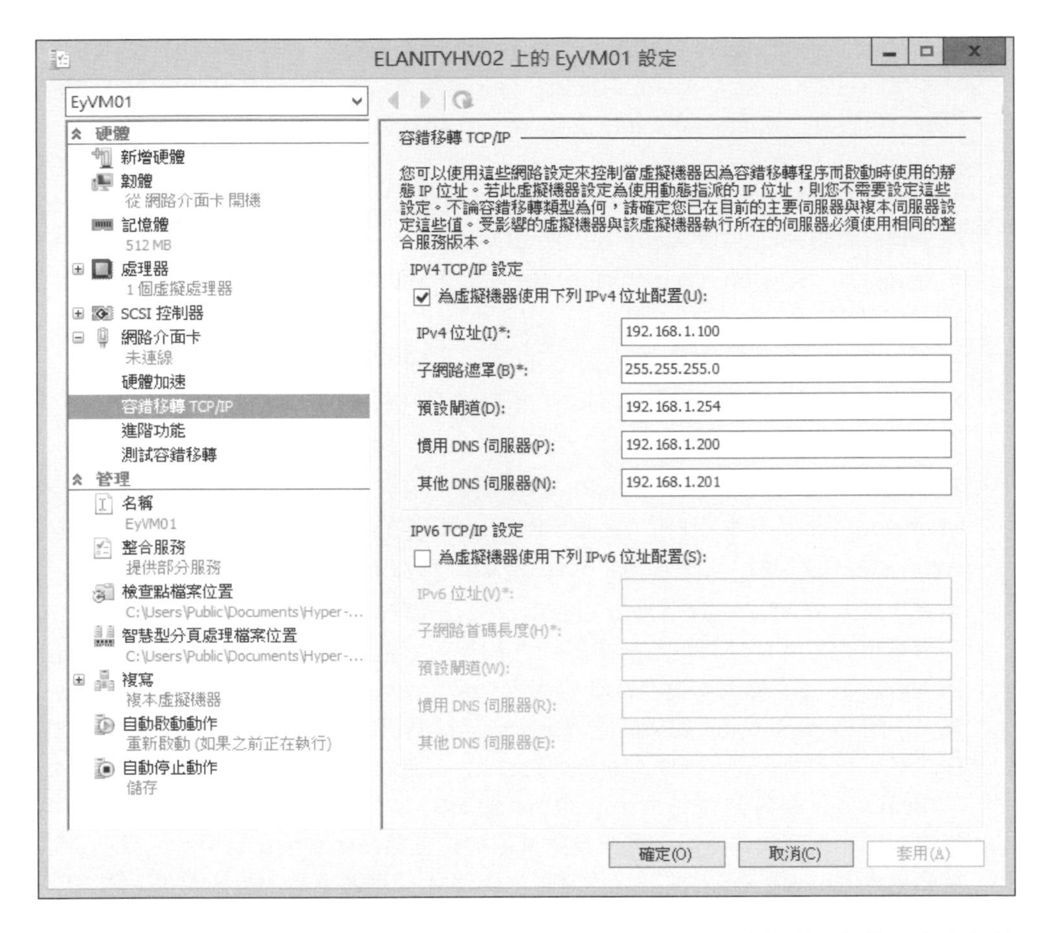

上述組態設定完成後，在你的運作環境中已經具備 Hyper-V 複本機制，能夠因應突如其來的災難事件並進行容錯移轉，甚至可以將複本 VM 虛擬主機再次複寫到第 3 個站台，例如，另一個合作夥伴的資料中心，達成更高的資料可用性。

Azure Site Recovery

Azure Site Recovery 備援機制，為微軟所提供的完整端對端解決方案（舊稱為 Hyper-V Recovery Manager）。同時，在本章中你已經了解到 Windows Server 運作環境內，不一定需要建立容錯移轉叢集環境，只要安裝 2 台 Hyper-V 獨立主機，或是 1 台及 2 台 System Center Virtual Machine Manager 2012 / 2012 R2 即可。

請登入你的 Microsoft Azure 訂閱帳戶，如果你還沒有 Azure 訂閱的話，也只需要簡單的幾個步驟即可試用。登入 Azure 訂閱帳戶後，請建立新的 Azure Site Recovery 保存庫，詳細資訊請參考 Microsoft Azure 文件 http://bit.ly/1N6i9rF。

1. 使用現有 CA 憑證中心，或透過 Makecert 快速建立自我簽發憑證，接著將憑證的公開金鑰上傳至 Microsoft Azure 後，便可以建立 Azure Site Recovery 保存庫。詳細資訊請參考 Microsoft Azure 文件《準備 Azure Site Recovery 部署》http://bit.ly/1RRlHOG。
2. 在 SCVMM 伺服器中安裝 Azure Site Recovery 提供者，詳細資訊請參考 Microsoft Azure 文件《將 Hyper-V 虛擬機器（位於 VMM 雲端中）複寫至 Azure》http://bit.ly/1S3q1qJ。
3. 在 Hyper-V 主機中安裝 Azure Recovery Services 代理程式，詳細資訊請參考 Microsoft Azure 文件《使用 Azure Site Recovery 在內部部署 Hyper-V 虛擬機器與 Azure（沒有 VMM）之間複寫》http://bit.ly/1WpFAhB。
4. 現在，你已經可以透過 Azure Site Recovery 運作機制，管理 Microsoft Azure 公有雲環境，並且針對企業或組織內部的 VM 虛擬主機（SCVMM 雲端），啟用 Hyper-V 複本機制準備進行資料複寫作業，同時可以針對選定的 VM 虛擬主機，搭配 Orchestration 組態設定自動化容錯移轉機制。因此，你現在可以在選擇 Hyper-V 複本站台時，選擇 Microsoft Azure 公有雲成為複本站台，並且「**傳入**」（**Incoming**）複寫資料至 Microsoft Azure 環境是免費的，這與其它解決方案相較之下非常具有成本效益，方便企業及組織建立另一座備援資料中心，詳細資訊請參考 Microsoft Azure 文件《複寫單一 VMM 伺服器上的 Hyper-V 虛擬機器》http://bit.ly/1MrFLqw。
5. 將企業或組織內部的 VM 虛擬主機網路環境，與 Microsoft Azure 公有雲網路環境互相對應。詳細資訊請參考 Microsoft Azure 文件《準備網路對應以使用 Azure Site Recovery 在 VMM 保護 Hyper-V 虛擬機器》http://bit.ly/1Xt2G5j。
6. 最後，便可以著手建立及測試復原計劃，請針對 VM 虛擬主機建立邏輯群組，以便定義屆時 VM 虛擬主機的啟動順序，舉例來說，你的 Active Directory 主機應該在資料庫主機之前啟動，當資料庫主機都啟動後再啟動 ERP 主機。因此，當企業或組織的資料中心發生重大災難事件時，便可以立即容錯移轉至 Microsoft Azure 公有雲環境繼續運作。歡迎進入真正的混合雲解決方案，詳細資訊請參考 Microsoft Azure 文件《建立復原方案》http://bit.ly/20ygNbu。

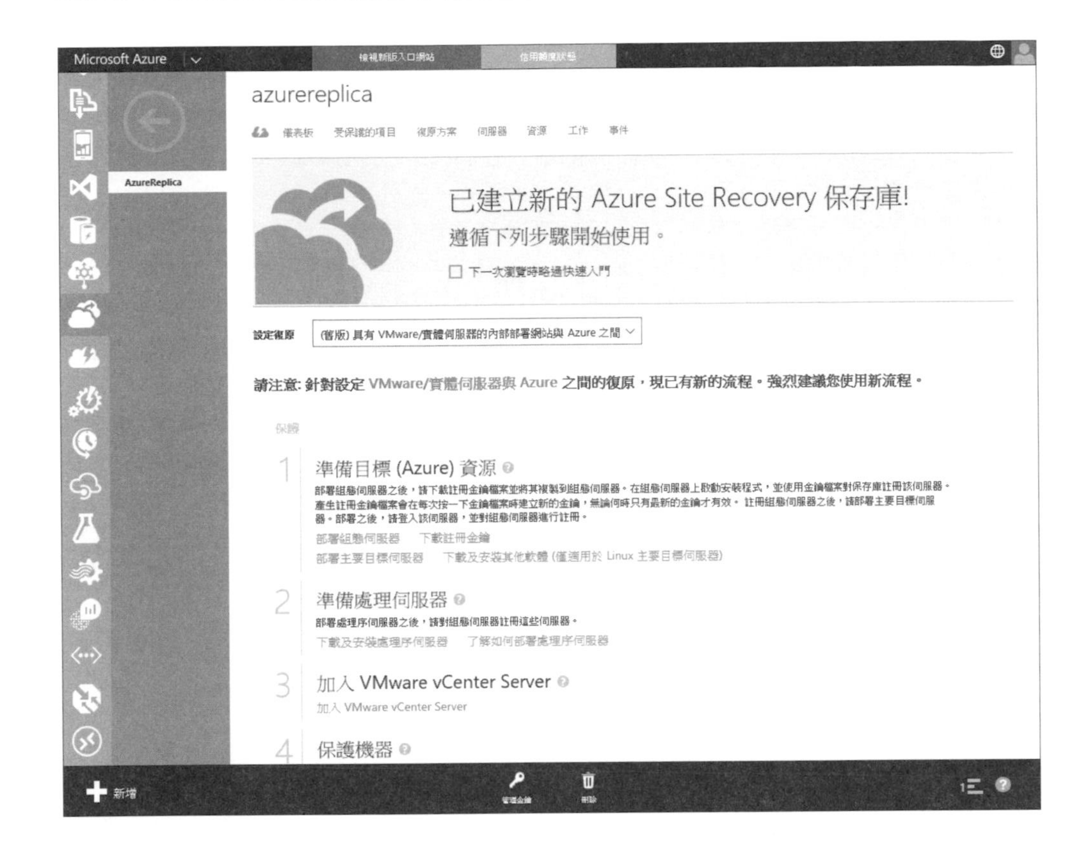

複本工作負載

現在，企業或組織內部的 VM 虛擬主機，已經可以透過 Hyper-V 複本機制，將 VM 虛擬主機複寫到 Microsoft Azure 公有雲環境，並且當企業或組織的資料中心發生非計劃性重大災難事件時，能夠將工作負載容錯移轉到 Microsoft Azure 公有雲。值得注意的是，你必須確定 VM 虛擬主機當中的應用程式，支援 Hyper-V 複本運作機制，以便確保容錯移轉後服務及應用程式都能正常運作，大多數的服務及應用程式都支援 Hyper-V 複本機制，舉例來說，像 Windows Server 網域控制站、Microsoft SQL Servers……等都支援，但是像 Microsoft Lync 或 Exchange Server 則不支援，所幸它們也有自己的 HA 及 DR 機制。

備份 VM 虛擬主機

在災難復原解決方案中， Hyper-V 複本機制是針對異地備援的需求提供完整的解決方案，但是它並無法取代傳統的資料備份機制。因此，在現代化 Hyper-V 備份解決方案中，例如， Microsoft Data Protection Manager 產品，便是針對資料「**區塊**」（**Block**）等級進行備份作業，透過資料區塊的異動情況達到資料備份的目的，並且每隔 15 分鐘便會進行增量備份作業，因此在極端的情況下資料頂多遺失 15 分鐘的資料量，所以可以充份滿足企業或組織對於「**復原點目標**」（**Recovery Point Objectives， RPO**），以及「**復原時間目標**」（**Recovery Time Objectives， RTO**）的 SLA 需求。值得注意的是，在目前市場上許多備份解決方案，並未完全支援 Windows Server 2012 R2 Hyper-V 環境，以及針對 CSV / SMB 3 共享儲存資源運作環境進行備份作業。

要成功整合備份工具的話，你必須要確保定期測試 VM 虛擬主機的復原作業。因此，你應該要將備份工具保持在最新安全性更新，就如同在 Hyper-V 運作環境中，必須確保每個運作元件都保持最新更新一樣。

一個成功的備份解決方案，是否支援 VSS 提供者是非常重要的，同時每台 VM 虛擬主機應執行最新「**整合服務**」（**Integration Services**），並且 VM 虛擬主機應盡可能不使用 Hyper-V「**檢查點**」（**CheckPoint**）機制，這也是最佳建議作法。此外，你也可以將備份解決方案，與 Hyper-V 複本機制互相結合以提供更高的備份可用性，你可以在 Hyper-V 複本將 VM 虛擬主機複寫至備援站台後，將複寫 VM 虛擬主機加入到備份清單當中，以便進一步提供更高可用性的備份解決方案。

對於小型運作環境，你可以使用內建的 Windows Server Backup（`wbadmin.exe`）備份機制，針對 Hyper-V 主機及 VM 虛擬主機進行備份。預設情況下， Windows Server 並不會安裝及啟用此伺服器功能，你可以執行下列 PowerShell 指令，安裝 Windows Server Backup 伺服器功能：

```
Add-WindowsFeature Windows-Server-Backup
```

備份單台 VM 虛擬主機只要執行下列指令即可：

```
wbadmin start backup -backupTarget:d:-hyperv:EYVM01 -force
```

上述指令執行後，便會將名稱為 EYVM01 的 VM 虛擬主機進行備份，並且備份至 D 槽當中，同時在備份過程中 VM 虛擬主機的整合服務應確保運作正常，而 -force 參數則是直接進行備份作業無須手動確認。Windows Server Backup 支援採用本地端儲存空間，當成是備份的目標並且能存放多個 VM 虛擬主機備份，同時也可以採用網路共享空間當成備份目標，但舊的備份將會被新的備份所覆蓋。

Windows Server Backup 復原作業的部分。首先，你必須確認要採用的備份日期及時間，因為它代表著所要採用的備份版本：

```
wbadmin get versions -backupTarget:d:
```

上述指令執行後，請將備份版本複製後再下列指令中搭配使用：

```
wbadmin start recover-version:04/18/2016-22:01 -itemType:hyperv
-items:EYVM01-backuptarget:d:
```

上述指令執行後，將會把名稱為 `EYVM01` 的 VM 虛擬主機，依據指定的備份日期及時間點還原至 D 槽。

在 Windows Server Backup 的備份及復原指令中，倘若你希望一次針對「多台」VM 虛擬主機進行處理的話，可以在 VM 虛擬主機名稱或 ID 之間加上「逗號」，便可以同時針對多台 VM 虛擬主機進行備份及復原作業。因此，現在你應該開始定期測試 VM 虛擬主機的備份及復原作業了。

有關 wbadmin 指令的詳細資訊，請參考 TechNet Library 文件庫《Wbadmin》`http://bit.ly/1pHtly0`。

結語

現在，你已經知道 HA 高可用性及災難復原機制，是 2 種完全不同的獨立運作架構。同時，你現在已經有兩全其美的方法，可以幫助你保護及因應 Hyper-V 運作環境發生災難事件，甚至透過手動組態設定或 PowerShell 指令碼，或是端對端的解決方案例如，Azure Site Recovery，都可以輕鬆幫助你打造異地備援機制。

此外，完整的備份運作架構及工具，將能有效確保 VM 虛擬主機在發生重大災難時，仍然能夠透過先前的備份資料快速回復後，讓 VM 虛擬主機重新上線繼續服務。

那麼，讓我們邁向《第 4 章： Storage 效能規劃最佳作法》，深入了解有關 Windows Server 2012 R2 及 Hyper-V，在儲存資源方面的效能規劃最佳作法。

4

Storage 效能規劃最佳作法

Windows 的 HA 高可用性檔案伺服器（一般稱 Scale-Out File Server）、Storage Spaces 及 SMB 3，這 3 種技術互相協同運作之下，將可以為 Hyper-V 提供靈活且高效能的儲存資源。我個人認為，傳統架構的 SAN 儲存設備已經成為過去，採用軟體定義儲存的解決方案除了具備更大的靈活性之外，與傳統 SAN 儲存架構相較之下更是便宜許多。因此，讓我們開始測試這些新的儲存解決方案吧！

Carsten Rachfahl – MVP Hyper-V

在本章節當中，我們將幫助你熟悉 Hyper-V 最常搭配，以及能夠相容並協同運作的儲存架構，並且該如何最有效率的使用它們。事實上，在 Windows Server 2012 R2 Hyper-V 的運作環境中，水平擴展的儲存資源運作架構發生巨大的變化，在舊版本 Windows Server 運作架構中，若需要建置容錯移轉叢集運作環境時，通常需要搭配昂貴的高效能 SAN 儲存設備。現在，有許多更具成本效益、高效能、高可用性的 Hyper-V 儲存解決方案可供選擇。

在本章中將討論下列技術議題：

- Hyper-V 磁碟格式及類型。
- SAN vs **SOFS**（**Scale-Out File Server**）。
- Storage Spaces 及 Tiering。
- iSCSI 目標伺服器。
- 重複資料刪除及精簡佈建。
- ReFS 檔案系統及 Hyper-V。

簡介儲存資源

「**儲存**」(**Storage**),對於 Hyper-V 來說並非僅是 GB 或 TB 的儲存空間而已,更重要的是儲存資源的「**效能**」(**Performance**)也就是 IOPS,並非否定儲存空間的重要性,你當然還是要確保具有足夠的可用空間。現在,你可以輕易建構出大容量的儲存空間,同時具備令人滿意的儲存資源效能,重最要的是與傳統 SAN 儲存設備相比之下費用便宜許多。

在舊版本的 Windows Server 或虛擬化平台中,針對小型規模的運作環境通常會採用 NAS 儲存資源,若是企業級的運作規模則會使用 iSCSI 或 FC 的 SAN 儲存資源,以便為容錯移轉叢集中的所有節點主機,提供一個集中控管的儲存資源,並且實作相關進階功能如 VM 即時遷移。

當叢集中的節點主機發生故障損壞事件時,並不會影響到儲存資源的完整性及可用性。在傳統的 NAS/SAN 儲存設備中,採用「**邏輯單元編號**」(**Logical Unit Number,LUN**),並且每台 VM 使用 1 個 LUN,新式機制則是每個 LUN 可以承載多台 VM 虛擬主機。對於許多管理人員來說預設的部署選項,便是使用 NAS/SAN 儲存設備擔任後端儲存資源,並且建構 Hyper-V 容錯移轉叢集運作架構,同時掛載 LUN 之後建立 CSV 叢集共用磁碟區,以便運作 VM 虛擬主機執行應用程式或提供服務。

現代化的軟體定義儲存,能夠充份利用 Windows Server 進行儲存資源的管理作業,你只需要普通的 **JBOD** 磁碟櫃並不需要 RAID 控制器,當伺服器掛載 JBOD 磁碟櫃之後,使用 Windows Server 內建的「儲存空間」(Storage Space)技術,將 JBOD 磁碟櫃儲存空間串連成一個大的儲存資源池,對於伺服器來說 JBOD 儲存空間等同於本地端硬碟。然後,整合「**向外延展檔案伺服器**」(**Scale-Out File Server,SOFS**)及 SMB 3 通訊協定,提供高 IOPS 效能及高可用性的儲存資源,給予 Hyper-V 虛擬化平台使用,並且整體的建置費用非常低廉。

透過 Windows Server 內建的儲存空間技術,將單純的 JBOD 磁碟櫃透過 Windows Server 的軟體層級技術,把單純的磁碟空間建構為儲存資源,並且提供高效能及高可用性。同時,VM 虛擬主機不再像傳統架構一樣僅能存放於 LUN,現在 VM 虛擬主機可以放置在 SMB 3 檔案共享資源中,這樣運作架構的 VM 虛擬主機運作效能,並不會輸給放置於傳統 SAN 儲存設備。當管理人員將 VM 虛擬主機,運作於 SOFS 向外延展檔案伺服器架構時,即使 SOFS 節點主機發生故障損壞事件,所有的 VM 虛擬主機仍正常運作並不會受到任何影響,即使正在存取儲存資源也能透過「**透明容錯移轉**」(**Transparent Failover**)機制,將存取動作轉移至其它節點繼續運作而不受影響。

採用 SAS 硬碟的 JBOD 磁碟櫃，建立 SOFS 向外延展檔案伺服器運作架構，並採用 SMB 3 通訊協定進行資料傳輸，為最具成本效益的硬體解決方案，所以沒有必要再把寶貴的 IT 預算，用在昂貴的 SAN 儲存架構或高可用性的 RAID 硬體控制器上。此外，Windows 內建的儲存空間技術，能夠將硬碟進行虛擬化及抽象化，甚至能夠整合 SSD 固態硬碟建構出「**儲存分層**」（**Storage Tiering**）技術，提供完全不輸 SAN 儲存資源的運作效能。

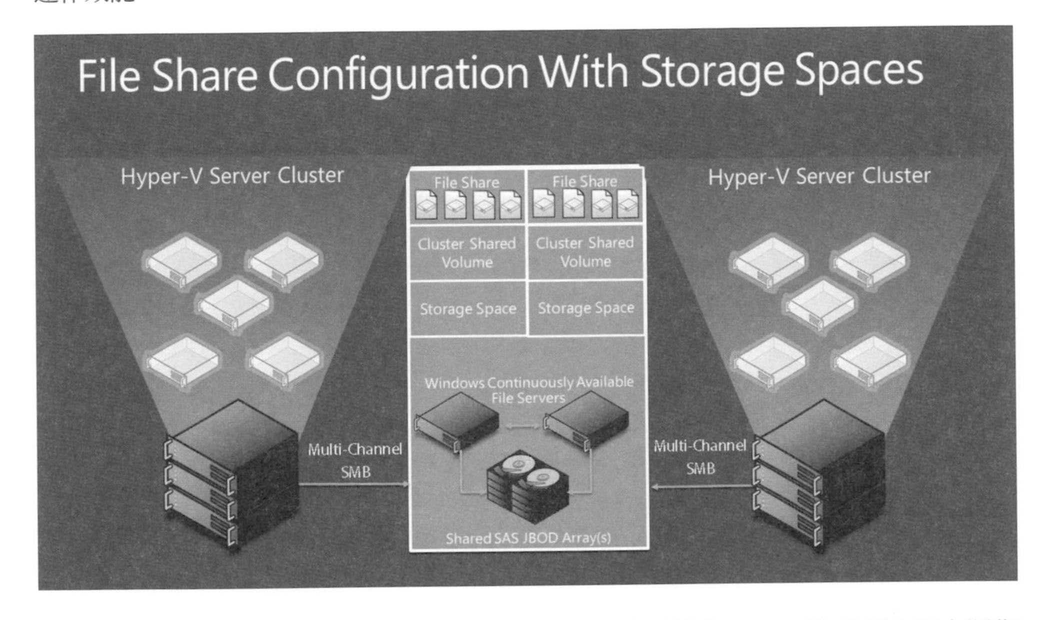

當然，採用 SOFS 向外延展檔案伺服器運作架構，並且結合 Hyper-V 虛擬化平台運作 VM 虛擬主機，甚至整合 Hyper-V 複本機制將 VM 虛擬主機複寫到異地端，以便因應突如其來的災難事件，這些部分你已經在《第 3 章： 備份及災難復原》學習過了。

SAN vs SOFS

在規劃設計 Hyper-V 儲存資源的過程中，最關鍵的部分在於決定採用傳統的 SAN 儲存架構，或是改為採用微軟 SOFS 向外延展檔案伺服器運作架構。事實上，這 2 種解決方案都可以為 VM 虛擬主機，提供高可用性及高效能 IOPS 的儲存資源，在實務上也分別有許多企業及組織採用，下列便是針對這 2 種解決方案的規劃建議。

第一種也是最重要的設計原則，不要在線上營運環境的 Hyper-V 叢集中，使用未具備容錯機制的儲存系統，或是運作架構中具有 SPOF 單點失敗的情況，舉例來說，採用本地端硬碟、僅單台主機提供 SMB 3 檔案共享……等。因此，若希望規劃出高可用性的

Hyper-V 虛擬化平台，那麼上述設計原則一定要注意，同時也應該將 Hyper-V 複本機制加入，以便因應企業或組織當中異地備援的需求，或者也可以透過 Hyper-V 複本機制，將 VM 虛擬主機由較小的叢集運作規模，遷移至大型的叢集運作規模當中，並且切換過程不會有任何資料遺失及中斷服務的情況。

就技術層面來看，你可以將 SAN 及 SOFS 這 2 種解決方案整合在一起。但是，對於許多 SAN 儲存設備廠商來說，採用 SMB 3 通訊協定進行資料傳輸作業，並不是 SAN 儲存設備高效能的選擇，因此在大多數情況下還是會採用 JBOD 磁碟櫃，整合儲存空間技術並搭配 SOFS 及 SMB 3。此外，在某些運作環境當中的 Hyper-V 主機，並沒有 SAN 光纖通道交換器及配置 FC-HBA 介面卡，但通常都會配置乙太網路介面卡，相對之下採用 SOFS 儲存資源更為容易。透過 SOFS 向外延展檔案伺服器叢集運作架構，將節點主機的「**運算**」（**Compute**）及「**儲存**」（**Storage**）資源整合，提供給 VM 虛擬主機運作工作負載。事實上，你可以把單一 SOFS 叢集儲存資源，想像成一個 SAN 的儲存運作架構，因為 SOFS 為虛擬化平台高可用性、高效能、集中式的管理，這樣的運作架構也將幫助你，在選擇硬體伺服器及儲存供應商上面更具靈活性。

傳統 SAN 的儲存運作架構已經在市場上存在 15 年了，而儲存空間技術及 SOFS 向外延展檔案伺服器叢集運作架構，則是從 Windows Server 2012 版本才開始存在。因此，若你所任職的公司是一家大型企業，該公司資料中心內已經建立 SAN 儲存運作架構，並且運作各式服務及應用程式及作業系統，且公司政策為堅持使用 SAN 儲存資源。那麼，你可以不用改變 Hyper-V 的儲存資源類型，但是你應該確保所採用的 SAN 儲存資源，也就是光纖通道或 iSCSI 硬體儲存設備，已經通過並獲得 Hyper-V Ready 認證。

因此，當其它專案開始在規劃階段時，便可以考慮採用 SOFS 向外延展檔案伺服器叢集運作架構。如果，你找不到要從傳統 SAN 儲存架構，遷移到 SOFS 叢集運作架構的方向時，那麼你主要的切入點可以先從建置費用開始談起。事實上，管理人員並不用擔心 SOFS 的效能問題，經過實作證明採用 SOFS 叢集運作架構，並搭配 10 GbE 網路卡的網路環境中，可以提供超過 100 萬 IOPS 的儲存資源（詳請參考 `http://bit.ly/26KWQ5H`）。此外，SOFS 叢集為 Active / Active 的運作架構，同時整合透明容錯移轉機制因應主機故障事件，所有的一切都只需要 Windows Server 2012 / 2012 R2 即可，完全不需要其它第三方的服務或應用程式。在 SOFS 儲存資源的管理方面，可以使用 Windows Server 內建管理工具，也就是伺服器管理員或 PowerShell 即可進行管理，因此總括來說 SOFS 不管在建置費用、效能、管理……等層面來看，都優於傳統的 SAN 儲存架構。

事實上，SOFS 向外延展檔案伺服器叢集運作架構，不只能夠運作 VM 虛擬主機，還能處理 Exchange 及 SQL 資料庫工作負載。如果，你希望將 SOFS 用於其它用途，例如，擔任存放備份資料的備份伺服器，那麼 SOFS 便不是適合的解決方案。值得注意的是，目前 SOFS 的運作架構中並未支援 Storage 層級的複寫，所以為了防止 JBOD 磁碟櫃發生故障損壞事件，導致儲存於其中的資料遺失，因此你至少需要 3 座 JBOD 磁碟櫃，除了能夠提升資料的可用性之外也可避免發生腦裂的情況。此外，目前 SOFS 的運作架構中並不能與 Hyper-V Cluster 混合運作，所以你應該將 Hyper-V Cluster 以及 SOFS Cluster 分開運作。

如果，你希望建構類似 SAN 儲存功能但能夠更靈活更廉價的話，那麼採用 Windows 儲存解決方案便是正確的選擇，進階功能包括了重複資料刪除、精簡佈建、**卸載資料傳輸**（**Offloaded Data Transfer，ODX**）…… 等。因此，如果你正在使用傳統的 SAN 儲存架構，但是它無法提供 SMB 3 通訊協定的話，那麼你可以在現有的 SAN 運作環境中，使用並建立 SOFS 也是個很好的選擇。

確認要採用哪種儲存架構解決方案之後，那麼讓我們把焦點再次集中在 Hyper-V 最佳化組態設定的部分。

Storage Spaces 及 Tiering

整合 SOFS 最好的方式，就是採用「**儲存空間**」（**Storage Spaces**）技術中的「**分層**」（**Tiering**）機制。當採用 SMB 3 檔案伺服器時，所連接的 JBOD 磁碟櫃中配置了 SSD 固態硬碟及 HDD 機械式硬碟，頻繁被讀取的資料將會快取在 SSD 固態硬碟當中，而長期保存的資料則會儲存在 HDD 機械式硬碟內，這同時也讓 CSV 之上的 SOFS 能夠提供非常高的儲存效能。只要透過 PowerShell 指令即可輕鬆啟用儲存空間資料分層機制。

首先，請透過下列 PowerShell 指令建立新的「**儲存集區**」（**Storage Pool**）：

```
$PhysicalDisks = Get-PhysicalDisk -CanPool $True

New-StoragePool -FriendlyName ElanityStor01 -StorageSubsystemFriendlyName
"Storage Spaces*" -PhysicalDisks $PhysicalDisks
```

接著設定 SSD 及 HDD 的資料層級屬性：

```
$tier_ssd = New-StorageTier -StoragePoolFriendlyName ElanityStor01
-FriendlyName SSD_TIER -MediaType SSD

$tier_hdd = New-StorageTier -StoragePoolFriendlyName ElanityStor01
-FriendlyName HDD_TIER -MediaType HDD
```

現在，你的 SMB 3 或叢集架構的 SOFS，已經順利整合儲存空間資料分層機制並提供高效能儲存資源。

預設情況下，系統會把經常讀取的資料擺放到 SSD 固態硬碟層級中（在我看來，這是非常棒的自動化運作機制）。此外，你也可以透過下列 PowerShell 指令，將指定的檔案直接擺放到 SSD 固態硬碟層級：

```
Set-FileStorageTier -FilePath d：\Fastfiles\fast.file -DesiredStorageTier
$tier_ssd
```

至此，我們已經完成儲存空間組態設定的部分。現在，該是把重點拉回到 Windows 儲存基礎架構及其它協同運作部分。

虛擬磁碟

關於「**虛擬磁碟**」（**Virtual Hard Disk**）組態配置的部分，我們先從磁碟格式的選擇開始談起。在 Hyper-V 虛擬化平台中，支援傳統的 VHD 及新式的 VHDX 虛擬磁碟格式，新式的 VHDX 磁碟格式，能夠支援最大 64 TB 的儲存空間，並且具備更好的運作效能及可靠性，同時擁有更方便快速的管理功能，例如，線上調整磁碟空間……等。現在，在 Hyper-V 虛擬化平台中，使用傳統 VHD 磁碟格式的唯一原因只有相容性考量而已，倘若沒有相容性方面的考量請不要使用 VHD 磁碟格式。如果，你還在使用 VHD 磁碟格式的話，那麼請在 VHD 虛擬磁碟離線狀態下，執行下列 PowerShell 指令進行磁碟格式轉換作業：

```
Convert-VHD -Path d：\VM01.vhd -DestinationPath d：\VM01.vhdx
```

順利採用正確的虛擬磁碟格式後，接著便是選擇虛擬磁碟類型。在 Hyper-V 虛擬化平台中，支援下列 3 種虛擬磁碟類型：

- 固定。
- 動態。
- 差異。

「**固定**」（**Fixed**）虛擬磁碟類型，在建立時便會直接使用所有儲存空間，在後續的運作中儲存空間也不會再改變。此虛擬磁碟類型，提供高可靠性以及最佳儲存運作效能。

「**動態**」（**Dynamic**）虛擬磁碟類型，在建立時將會建立一些「**標頭**」（**Header**）資料所以僅佔用極少的儲存空間，當後續 VM 虛擬主機開始運作資料陸續寫入時，虛擬磁碟空間才會開始慢慢成長，由於動態虛擬磁碟需要根據資料寫入的情況，不斷編輯虛擬磁碟的「**中繼資料**」（**Metadata**）內容，因此相較於固定虛擬磁碟來說效能較低。在過去的 Hyper-V 虛擬化平台中，用於線上營運環境的虛擬磁碟類型，建議一律採用固定虛擬磁碟。在最新版本的 Hyper-V 虛擬化平台中，雖然動態虛擬磁碟效能仍然低於固定磁碟，但是二者之間的運作效能差異已經大幅縮小，根據實際測試的結果顯示，目前二者之間的效能差異大約為「3 ~ 5 %」。因此，我建議針對所有的工作負載包括線上營運環境，在預設情況下建議採用動態虛擬磁碟類型，除非你有額外的應用情境及需求。請記住，在 Hyper-V 虛擬化平台中支援精簡佈建機制，透過動態虛擬磁碟類型提供儲存空間的靈活運用，並且在運作效能上提供不輸固定虛擬磁碟的運作效能。

「**差異**」（**Differencing**）虛擬磁碟類型，為父 / 子關係的虛擬磁碟運作機制。你必須要建立差異磁碟同時與父磁碟進行連結的動作，並且已經準備好 Sysprep 運作機制，後續便會根據 VM 虛擬主機寫入的資料內容，分別產生不同的子磁碟。通常，在 VDI 虛擬桌面的測試環境中，因為需要最快的部署速度所以最常使用這種虛擬磁碟類型，然而差異磁碟在運作效能上相較於其它二者較低之外，在管理層面上也較為複雜，因此並不建議使用於線上營運環境中。

同樣的，你可以透過下列 PowerShell 指令轉換虛擬磁碟類型：

```
Convert-VHD -Path d：\VM01.vhd -DestinationPath d：\VM01.vhdx -VHDType
dynamic
```

事實上，在 Hyper-V 虛擬化平台中，還有第 4 種虛擬磁碟類型稱之為「**傳遞磁碟**」（**Pass-through Disk**），此磁碟類型為直接使用伺服器中的實體磁碟。在過去，這是儲存效能最佳的磁碟類型，在最新的 Hyper-V 虛擬化平台中則不需要使用，同時採用此磁碟類型將有相關使用限制，例如，移動性、可管理性……等。因此，不建議你使用傳遞磁碟的磁碟類型，請執行下列 PowerShell 指令轉換虛擬磁碟類型：

```
New-VHD -Path "D：\VMS\Converted.VHDX" -Dynamic –SourceDisk 5
```

請注意，參數 SourceDisk 是指 Hyper-V 主機上該磁碟的編號，同時來源磁碟必須為**離線**狀態才能順利進行轉換作業。

檢查點

「**檢查點**」（**CheckPoint**）舊稱為「快照」（Snapshot），此機制將為 VM 虛擬主機建立時間點的運作狀態，對於更新測試及離線遷移的 VM 虛擬主機來說，當 VM 虛擬主機發生任何意外事件時，能夠以非常快的速度恢復到先前良好的運作狀態。當你為 VM 虛擬主機建立檢查點時，將會自動建立差異磁碟（avhdx）檔案，此時 VM 虛擬主機的所有變動將會寫入新的子磁碟，當你執行切換回先前建立的檢查點時，那麼 VM 虛擬主機便會回到先前的運作狀態，並且將產生的差異資料子磁碟刪除。如果，執行刪除檢查點的動作，那麼便會將差異資料子磁碟與原有的磁碟合併。請注意，每次為 VM 虛擬主機建立檢查點時，便會產生子磁碟以及寫入差異資料，但是此舉將會降低 VM 虛擬主機的運作效能。

雖然，檢查點機制提供極大的靈活性。但是，除了會導致 VM 虛擬主機運作效能降低之外，檢查點機制與某些服務或應用程式有無法協同運作的問題，可能導致 VM 虛擬主機無法恢復到原有的運作狀態，同時檢查點在管理層面上也較為複雜。因此，建議你應該在必要時才使用檢查點機制，並且完成測試或更新作業後應該立即刪除檢查點。

請執行下列 PowerShell 指令為 VM 虛擬主機建立檢查點：

```
Checkpoint-VM -Name Test -SnapshotName Snapshot1
```

下列為檢查點機制的最佳建議作法：

- 使用檢查點最重要的原則就是 — 盡量減少使用它。
- 檢查點機制並無法取代備份。
- 測試或更新完畢後應立即刪除檢查點。

- 請透過 Hyper-V 管理員刪除檢查點，而不是透過檔案總管去刪除檢查點檔案。
- 在 Active Directory 網域控制站或資料庫伺服器中，請小心使用檢查點機制，並且在建立檢查點之前應先了解系統需求及相關前置作業。

MPIO 多重路徑

在高效能的儲存資源中，不僅要注意儲存資源的工作負載，同時還要注意 SPOF 單點失敗的問題，以避免儲存資源無法正常運作。因此，在 Hyper-V 虛擬化平台與儲存資源之間的連線，應該建立「**多重路徑**」（**Multipath I/O，MPIO**）連線機制，以確保 Hyper-V 主機與儲存資源之間具有容錯路徑，即使單條傳輸路徑發生連接中斷的情況，仍然不會影響任何運作中的 VM 虛擬主機。請透過下列 PowerShell 指令，為 Hyper-V 主機安裝 MPIO 多重路徑伺服器功能：

```
Enable-WindowsOptionalFeature -Online -FeatureName MultiPathIO
```

如果，連接的儲存資源為 iSCSI 儲存設備，請執行下列 PowerShell 指令：

```
Enable-MSDSMAutomaticClaim -BusType iSCSI
```

如果，連接的儲存資源為 SAS 儲存設備，請執行下列 PowerShell 指令：

```
Enable-MSDSMAutomaticClaim -BusType SAS
```

同時，指定 Hyper-V 主機可用路徑採用「**循環配置資源**」（**Round-Robin**）負載平衡原則，請執行下列 PowerShell 指令：

```
Set-MSDSMGlobalDefaultLoadBalancePolicy -Policy RR
```

最佳建議作法是，設定磁碟的逾時時間為 60 秒，請執行下列 PowerShell 指令：

```
Set-MPIOSetting -NewDiskTimeout 60
```

上述設定步驟，適用於 Windows Server 2012 R2 版本中，預設的 MPIO 模組已經能夠提供最佳運作效能。倘若，你使用硬體供應商提供的 DSM 機制時，請確保依照硬體供應商設定指南進行組態設定，以確保最佳運作效能。

CSV 叢集共用磁碟區

針對「**叢集共用磁碟區**」（**Cluster Shared Volume，CSV**），管理人員最常詢問的問題便是需要規劃多大空間的 CSV，以及需要建立多少個 CSV 叢集共用磁碟區。在先前的章節當中，我們已經提到過最佳建議作法，為針對容錯移轉叢集中每台節點主機配置 1 個 CSV，即便超過 8 台節點主機的中大型容錯移轉叢集運作環境，也應該每 2 ~ 4 台節點主機配置 1 個 CSV。同時，在 CSV 叢集共用磁碟區中並沒有限制數量的 VM 虛擬主機，在一般情況下我很少看過單一 CSV 運作超過 50 台 VM 虛擬主機，或在 VDI 虛擬桌面環境中單一 CSV 運作超過 100 台 VM 虛擬主機。值得注意的是，預估 CSV 能夠承載多少台 VM 虛擬主機的依據，並非採用數量而應該採用 IOPS 儲存效能來預估才對，同時當容錯移轉叢集運作環境建立多個 CSV 時，該如何平均分散 IOPS 儲存資源至每個 CSV 中，並非僅僅只是 CSV 的規劃設計而已，這還包括 SAN 儲存設備的管理行為，例如，SAN 儲存設備如何管理磁碟、SAN 儲存設備控制器對 LUN 儲存空間的管控……等，這些部分都可能造成儲存資源發生效能瓶頸的情況。因此，針對 SAN 儲存設備控制器的部分，應該採用 Active / Active 的組態配置，以便提升整體運作效能並兼顧因應容錯移轉的可能性。

當 CSV 叢集共用磁碟區執行擴充磁碟或移入檔案時，將會透過「**CSV 協調員**」（**CSV Coordinator**）機制，調整 CSV 的中繼資料內容以便套用變更。若你希望識別 CSV 協調員資訊的話，請執行下列 PowerShell 指令：

```
Get-ClusterSharedVolume
```

CSV 協調員機制，用來確認節點主機與 CSV 的協調關係。在容錯移轉叢集管理員操作介面中，CSV 協調員資訊就是「**擁有者節點**」（**Owner Node**）欄位，也就是目前該 CSV 叢集共用磁碟區由哪台節點主機所掌管。

CSV 可以在檔案系統層級中進行重新命名的動作，詳細資訊請參考 Windows Server 論壇（`http://bit.ly/1lA6nS7`），若是在叢集物件層級的話，請參考 TechNet 部落格文章（`http://bit.ly/1vxAUFF`）。同時，應該在 CSV 運作任何 VM 虛擬主機之前，完成重新命名的動作。

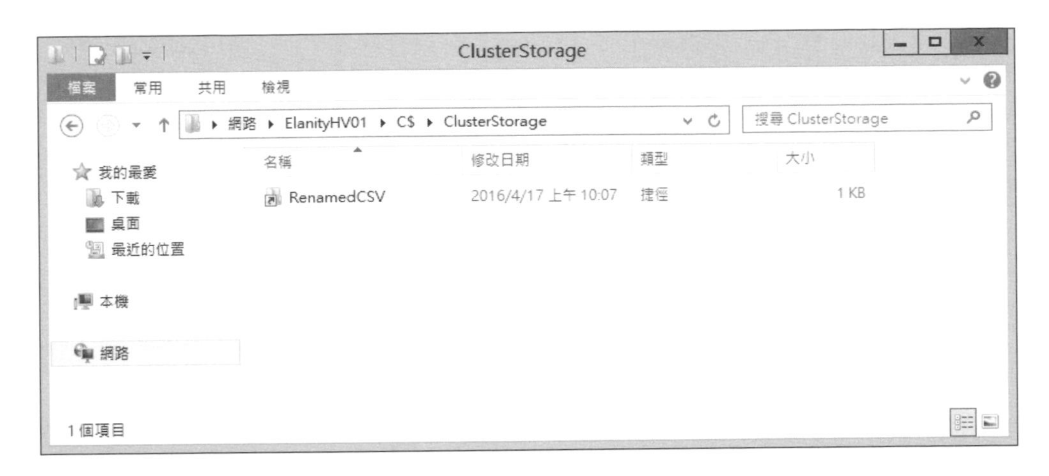

CSV 叢集共用磁碟區的最佳效能組態配置，首先請確保在 CSV 中運作的 VM 虛擬主機，並沒有任何的資料碎片在其中，也就是說 VM 虛擬主機應該先刪除檢查點之後，才將 VM 虛擬主機遷移至 CSV 中運作，同時在後續的運作應盡量避免建立檢查點。預設情況下，VM 虛擬主機的自動停止動作組態設定為「**儲存**」（**Save**），因此當 VM 虛擬主機啟動後，將會建立等同記憶體大小的檔案，以便屆時能夠儲存 VM 虛擬主機運作狀態，所以在 CSV 儲存空間的規劃及使用方面，應該僅能使用最大儲存空間的 75 % 即可，以便預留一些緩衝用途的儲存空間。如果，你想知道目前 CSV 叢集共用磁碟區中，儲存空間使用的詳細資訊請參考 PowerShellMagazine 中的 PowerShell 指令碼 `http://bit.ly/1mloKQC`。

此外，CSV 叢集共用磁碟區可以整合 BitLocker 加密機制，整合後將佔用約 20 ~ 30 % 的運作效能，但是能夠有效提升 CSV 資料安全性，也能夠減少企業或組織的機敏資料，因為任何原因而導致硬碟當中的資料遭惡意讀取的可能性。

在 CSV 特殊組態配置的部分，用於 CSV 傳輸資料的網路介面卡，應該確保開啟檔案及印表機防火牆規則。同時，在大多數情況下容錯移轉叢集運作架構中，建議你啟用 Microsoft Failover Cluster Virtual Adapter Performance Filter，但是如果 VM 虛擬主機有建立客體叢集的話，那麼應該在實體主機層級中停用它，以避免叢集運作環境或備份發生不可預期的錯誤。

最後，你應該啟用 CSV 快取機制，它可以提供資料區塊層級的「**讀取快取**」（**Read Cache**）機制，最多可以將實體主機 80 % 的記憶體空間，用於提供 CSV 讀取快取機制。在 Hyper-V 容錯移轉叢集環境中，最佳建議的 CSV 讀取快取空間為 512 ~ 1024 MB，並且 CSV 快取空間最多不應該超過 2 GB。請執行下列 PowerShell 指令，為 Hyper-V 容錯移轉叢集環境建立 512 MB 的 CSV 快取空間：

```
（Get-Cluster）.BlockCacheSize = 512
```

重複資料刪除

從 Windows Server 2012 版本開始，便內建「**重複資料刪除**」（**Deduplication**）特色功能，這是有效降低儲存空間使用率的好方法，但是在執行重複資料刪除動作時，將會需要額外的 I/O 及運算資源等工作負載。同時，一般在檔案伺服器上執行重複資料刪除動作時，並不會影響到檔案的存取命中率（影響熱資料的存取），但是熱資料在執行重複資料刪除動作時，系統需要花費比一般檔案更長的時間進行處理。同時，對於 Hyper-V 主機來說，為了避免影響整體的運作效能，每個資料區塊被引用 100 次後才會第 2 次再次寫入資料區塊。在實務應用上，相較於檔案伺服器來說在 Hyper-V 運作環境中，將重複資料刪除機制用於 VDI 虛擬桌面環境，可以得到的儲存空間及效益更大，但是僅能針對 VDI 虛擬桌面的 VM 虛擬主機而已，並不支援將重複資料刪除機制，用於伺服器工作負載的 VM 虛擬主機。在執行重複資料刪除動作以前，你可以透過下列 PowerShell 指令，得知執行後將能節省多少儲存空間：

```
ddpeval.exe <Path>
```

請執行下列 PowerShell 指令，安裝重複資料刪除伺服器功能：

```
Install-windowsFeature FS-Data-Deduplication
```

順利安裝重複資料刪除伺服器功能後，因為重複資料刪除是以「**磁碟區**」（**Volume**）為單位進行啟用。請執行下列 PowerShell 指令，為 D 磁碟區啟用重複資料刪除機制：

```
Enable-DeDupVolume D：
```

接著，組態設定重複資料刪除動作所要處理的檔案範圍，此組態設定值將會影響屆時儲存資源的 IOPS ：

```
Set-DedupVolume -Volume D： -MinimumFileAgeDays 5
```

執行下列 PowerShell 指令，指定 D 磁碟區執行重複資料刪除的動作：

```
Start-DedupJob D：  -Type Optimization
```

執行下列 PowerShell 指令後，將會建立每週執行 1 次每次 10 小時的重複資料刪除排程作業：

```
New-dedupschedule -Name "Elanity-Dedup01" -Type Optimization -Days Sat,
Wed -Start 23：00 -DurationHours 10
```

值得注意的是，重複資料刪除功能無法在「系統」或「啟動」磁碟區啟用，同時啟用的磁碟區也僅支援本機磁碟，並不支援外接式硬碟或網路對應磁碟區。

如果，在你的 Hyper-V 運作環境中，你已經啟用儲存設備的重複資料刪除功能，那麼你應該停止使用它。雖然，硬體設備的重複資料刪除功能，在運作效率及效能表現上更優於軟體式，但缺點就是會使用過多的硬體設備資源，同時在你的運作環境中應該決定僅啟用軟體式或硬體式其中一種即可。

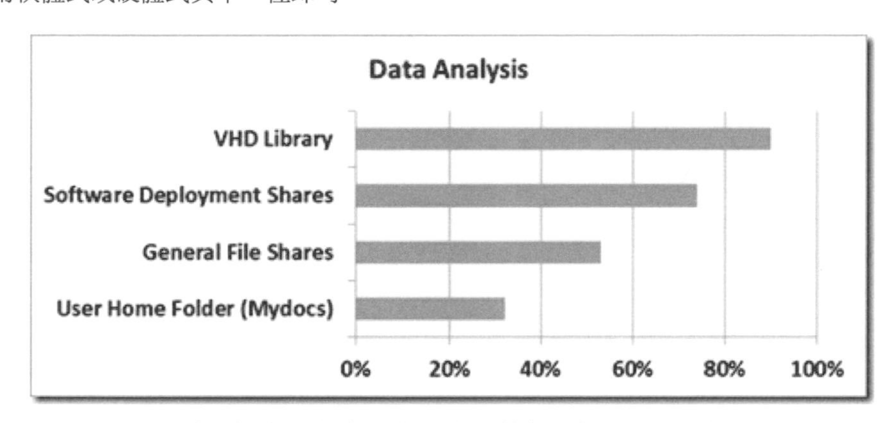

重複資料刪除技術，針對各類型檔案的儲存空間節省率

如果，你在 Hyper-V 虛擬化平台上運作 VDI 虛擬桌面，那麼這正好是重複資料刪除支援的 VM 虛擬主機類型，它可以為你的儲存資源基礎架構，節省龐大的儲存空間。請執行下列 PowerShell 指令，啟用重複資料刪除功能：

```
Enable-DedupVolume C：\ClusterStorage\Volume1 –UsageType HyperV
```

請注意，重複資料刪除是屬於後處理作業機制，所以要確保儲存空間足以容納新資料，直到重複資料刪除運算後收縮儲存空間才行。

儲存資源 QoS 服務品質管控

現在，在 Windows Server 2012 R2 版本中的 Hyper-V 虛擬化平台，可以有效整合「**服務品質**」（**Quality of Service，QoS**）管控機制，分離不同類型 VM 虛擬主機的儲存工作負載。在舊版本的 Hyper-V 虛擬化平台中，僅能針對 CPU、記憶體、網路頻寬等資源進行管控，最新版本的 Windows Server 2012 R2，將硬體資源管控功能加入 VHDX 虛擬磁碟等級，這可以確保在 CSV 中運作的眾多 VM 虛擬主機，不會因為某幾台 VM 虛擬主機爆增的儲存資源工作負載，進而影響到其它在 CSV 當中的 VM 虛擬主機。

在 Storage QoS 特色功能中，所指定的 IOPS 資料區塊大小為 **8 KB**。在 Hyper-V 虛擬化平台中，可以針對 Storage QoS 功能設定 2 種組態設定值：

- **最小值：** 你可以設定最小 I/O 門檻值，但是並無法保證虛擬磁碟最低 I/O。當 VM 虛擬主機未達到最小 I/O 門檻值時，則會觸發一個讀取通知，在一般情況下通常不需要設定此門檻值，除非你正在監控儲存資源基礎架構。
- **最大值：** 你可以為 VM 虛擬主機所掛載的虛擬磁碟，設定最大 IOPS 門檻值。你應該設定足夠高的門檻值以提供靈活的效能結構，以便確保 VM 虛擬主機獲得足夠的儲存資源，同時避免非預期的工作負載爆增影響到其它 VM 虛擬主機。

如何確定 VM 虛擬主機使用多少 IOPS 儲存資源，你可以參考 Working Hard In IT 部落格文章（`http：//bit.ly/1lUjK4q`），透過 VMResourceMetering 機制了解 VM 虛擬主機目前使用多少 IOPS。

當你為實體伺服器啟用 Hyper-V 伺服器角色時，Storage QoS 特色功能便同時啟用。請執行下列 PowerShell 指令，指定 VM01 虛擬主機的虛擬磁碟最小及最大 IOPS 門檻值：

```
Set-VMHardDiskDrive -VMName VM01 -Path C：\VMs\VM01.vhdx -MinimumIOPS 100
-MaximumIOPS 5000
```

NTFS vs ReFS

Hyper-V 支援 2 種檔案系統，分別是傳統的 NTFS 以及新式的「**彈性檔案系統**」（**Resilient File-System，ReFS**）。ReFS 是個非常棒的新式檔案系統，但目前它仍缺少一些特色功能，例如，重複資料刪除。雖然，ReFS 檔案系統也支援 CSV 叢集共用磁碟區，但目前絕大多數的備份應用程式，無法與 ReFS 檔案系統協同運作備份機制，所以目前的最佳建議仍是採用 NTFS 檔案系統。此外，當 Hyper-V 虛擬化平台使用 **NTFS** 檔案系統時，在格式化磁碟區的最佳建議是採用 **64 KB** 區塊大小，進行格式化作業以便分割區能自動完成對應的動作，屆時將能夠獲得最佳運作效能。

雖然，目前的 ReFS 檔案系統不支援部分特色功能，並且與 Hyper-V 虛擬化平台也未完全整合。但是，你可以為檔案伺服器選擇採用 ReFS 檔案系統，以便獲得最佳運作效能及高延展性。

iSCSI 目標

在最新的 Windows Server 2012 R2 版本中，已經內建「**iSCSI 目標**」（**iSCSI Target**）伺服器角色，它可以提供 Windows Server 以軟體方式建立 iSCSI SAN，並且提供 iSCSI LUN 儲存資源。透過 iSCSI 目標伺服器角色，可以提供集中式的儲存資源，並且支援線上營運環境。雖然，與硬體式的 iSCSI SAN 儲存設備相較之下，Windows Server 軟體式的 iSCSI 目標效能略低，但是它具備容易建置的特色，能夠方便管理人員用於快速部署研發測試及展示環境。

值得注意的是，你應該將 iSCSI 目標伺服器角色，安裝於專用的硬體伺服器中，而不該與 Hyper-V 主機或其它營運環境主機混用。請執行下列 PowerShell 指令，安裝 iSCSI 目標伺服器角色：

```
Add-WindowsFeature -Name FS-iSCSITarget-Server
Add-WindowsFeature -Name iSCSITarget-VSS-VDS
```

執行下列 PowerShell 指令，建立 iSCSI LUN ：

```
New-IscsiVirtualDisk -Path d：\VHD\LUN1.vhdx -Size 60GB
```

執行下列 PowerShell 指令，建立 iSCSI 目標及允許存取的 iSCSI 啟動器 IP 位址：

```
New-IscsiServerTarget -TargetName Target1 -InitiatorId IPAddress：192.168.
1.240,IPAddress：192.168.1.241
```

將剛才建立的 iSCSI LUN 與 iSCSI 目標進行關聯：

```
Add-IscsiVirtualDiskTargetMapping -TargetName target1 Path d：\VHD\LUN1.
vhdx -Lun 10
```

在 Hyper-V 主機上啟用 iSCSI 啟動器功能，並且連接至 iSCSI 目標伺服器：

```
Connect-IscsiTarget -NodeAddress <TargetIQN>
```

雖然，在 Hyper-V 虛擬化平台上的 VM 虛擬主機，也可以啟用 iSCSI 啟動器並連接至 iSCSI 目標伺服器，但是此舉將會造成運作效能降低，同時也會增加儲存基礎架構的管理成本。因此，沒有特殊需求或應用的話，並不建議 VM 虛擬主機直接連接至實體 iSCSI 目標伺服器。

結語

閱讀完本章節後，相信你已經學習並了解 Hyper-V 一些常見的儲存架構，同時也了解應該選擇採用哪些技術，以及相關最佳建議作法及組態配置。

現在，讓我們進入《第 5 章： Network 效能規劃最佳作法》吧。如果，你想了解更多儲存資源的資訊，在《第 6 章： Hyper-V 最佳化效能調校》章節中，我們也將說明及討論額外的最佳化技巧。

5

Network 效能規劃最佳作法

在網路環境中，光靠理論與假設是不夠的。你當然可以信任你所規劃設計的架構，但你絕對需要驗證它們的正確性，並且學習如何正確操作整個容錯移轉的流程，以確保解決方案的基礎架構及運作流程。

Didier van Hoye – MVP Hyper-V

在本章節中，我們將幫助你熟悉 Hyper-V 常見的網路架構，以及如何更有效的使用它們。從 Windows Server 2012 版本開始，便導入完整的網路虛擬化解決方案，並提供許多種類的 Hyper-V 網路功能及選項。透過「**軟體定義網路**」（**Software-defined networking，SDN**）機制，允許你在實體網路拓撲中規劃設計你的網路環境。

在本章中將討論下列技術議題：

- vSwitch 虛擬網路交換器、vNIC、tNIC。
- 網路卡小組。
- 建立虛擬網路。
- SDN 軟體定義網路。
- IPAM 位址管理。

簡介網路環境

Hyper-V 網路虛擬化功能，為實體伺服器上運作的 VM 虛擬主機，提供虛擬化功能將實體網路抽象化，也就是將實體網路基礎架構轉換為虛擬網路，同時解決實體網路卡、VLAN……等限制。建立 Hyper-V 網路虛擬化機制，能夠為 IT 基礎架構提供真正的靈活性，達成兼具彈性且靈活的 IT 基礎運作架構，這樣的運作環境便可以稱之為「雲」（**Cloud**），同時讓管理人員能夠快速且有效的進行管理作業。

在過去，要滿足多租戶運作環境同時兼顧安全性要求時，只能針對網路基礎架構投入大量預算才能達成。但是，從 Windows Server 2012 R2 版本中的 Hyper-V 開始，透過動態且靈活的網路運作機制，可以讓你使用更少的實體網路硬體設備，但又不失整體運作環境的靈活性，進而達成以更少做更多的目標。在 Hyper-V 虛擬化平台中，其上運作的 VM 虛擬主機透過 VMBus，連接到 vSwitch 網路交換器的「**虛擬網路介面**」（**Virtual Network Interfaces，VIF**），這個完整的網路堆疊是由 Hyper-V 父分割區所管控，也就是 VM 虛擬主機的 vNIC。

在本章中所有的網路組態設定，將會透過 PowerShell 直接進行組態配置作業。當然，也可以透過 **SCVMM**（**System Center Virtual Machine Manager**）達成，在本書《第 7 章： 透過 System Center 進行管理》章節中，將會說明及討論更多相關資訊。根據過往經驗，倘若你的 Hyper-V 主機超過 3 台以上時，那麼針對網路環境的組態設定部分，便應該採用 SCVMM 統一進行網路環境的設定。

在 Windows Server 2012 / 2012 R2 版本中，開始支援「**融合式網路**」（**Converged Networking**），讓不同類型的網路流量可以共享同一個乙太網路環境，同時搭配「**服務品質**」（**Quality of Service，QoS**）機制，便能確保在實體網路卡中網路流量的比重，同時透過 VLAN 的方式進行網路流量的隔離。因此，你可以輕易規劃設計出具備邏輯隔離，以及 QoS 網路流量管控的解決方案。

那麼，讓我們來看看 Hyper-V 網路環境的最佳建議作法吧。

vSwitch 虛擬網路交換器

當你為實體伺服器啟用 Hyper-V 角色後，並透過 Hyper-V 管理員建立 vSwitch 虛擬網路交換器，其實它便是建立一個軟體式的 **Layer 2** 網路交換器，讓 VM 虛擬主機可以連接至虛擬及實體網路環境。此外，在 Hyper-V 虛擬網路交換器運作環境中，提供強大的安全機制及隔離功能，例如，診斷功能、隔離病毒環境……等，甚至可以整合 Cisco

Switch Nexus 1000V 交換器，至 Hyper-V vSwitch 虛擬網路交換器環境中。因此，在你的網路運作環境中倘若已經使用 Cisco 產品的話，那麼你應該將 Cisco Nexus 1000V 與 Hyper-V 網路環境進行整合。

重要資訊

事實上，管理人員可以下載**免費**的 Cisco Nexus 1000V **Essential** 版本（`http://bit.ly/1mYS9jW`），並整合至 Hyper-V 網路環境當中。倘若需要更進階的安全性功能時，再付費購買 Cisco Nexus 系列的 **Advanced** 版本即可。

下列為 Hyper-V vSwitch 虛擬網路交換器，以及擴充功能的運作架構示意圖：

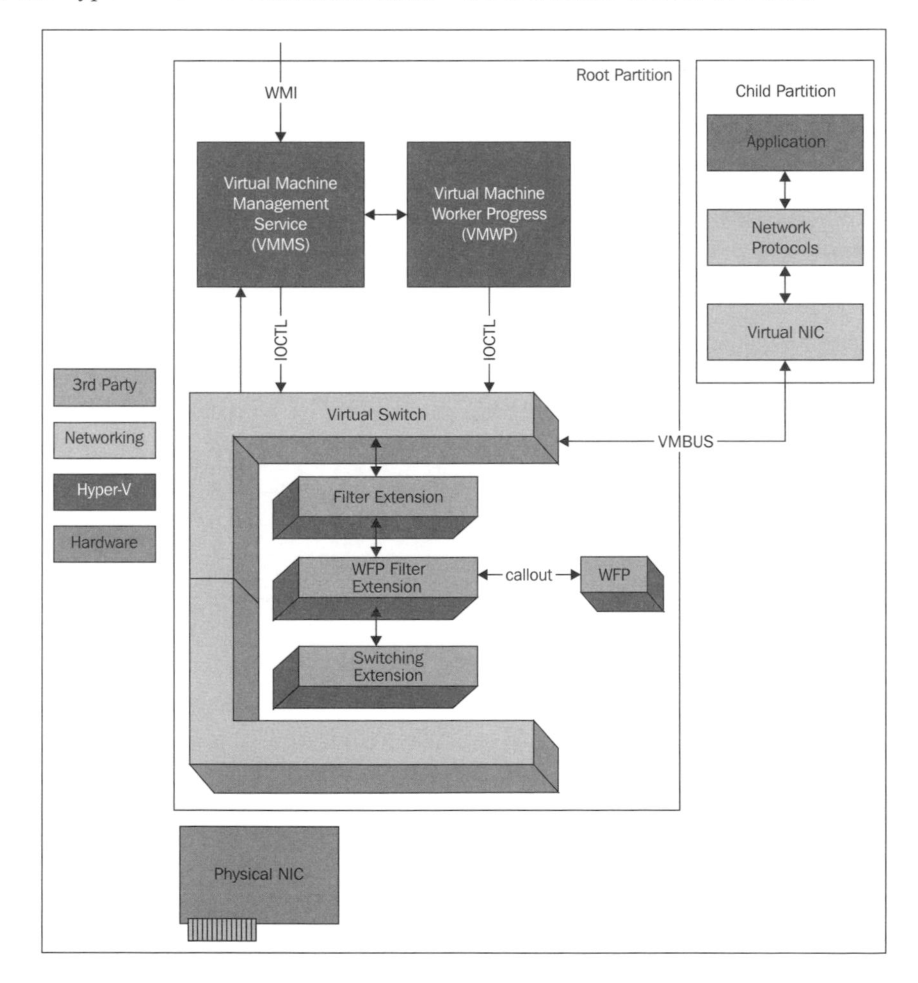

在 Hyper-V vSwitch 虛擬網路交換器中，共有 3 種不同類型的虛擬網路交換器。重要的是，你必須要知道在哪種情況下使用哪種類型的虛擬網路交換器。

外部虛擬網路交換器

「**外部虛擬網路交換器**」（**External vSwitch**），對應至 Hyper-V 主機抽象層中的實體網路卡，它就像是個邏輯的網路介面，當 VM 虛擬主機連接至 Hyper-V 外部虛擬網路交換器時，便能與實體網路環境進行溝通，也就是說外部使用者便能存取 VM 虛擬主機的服務或應用程式。

在《第 1 章： 加速 Hyper-V 部署作業》章節中，我們已經使用下列 PowerShell 指令，建立一個外部虛擬網路交換器：

```
New-VMSwitch -Name external -NetAdapterName "Local Area Connection 2"
```

同時，在先前章節中我們已經使用 `-AllowManagementOS $true` 參數，指定相同的實體網路卡用於傳輸 Hyper-V 主機管理流量。值得注意的是，在稍後所介紹的內部及私有虛擬網路交換器時，是無法使用 `NetAdapterName` 參數進行建立的。最後，只有當你沒有足夠的實體網路卡時，才考慮配置共享網路流量的「**融合式網路**」（**Converged Networking**）環境，因為從運作效能的角度來看這並非最佳建議作法，有關這部分的運作概念稍後也將進行介紹。

內部虛擬網路交換器

「**內部虛擬網路交換器**」（**Internal vSwitch**），主要用於 VM 虛擬主機與 Hyper-V 主機之間，允許二者能夠互相進行網路流量傳輸及溝通作業，但是不允許與外部實體網路溝通。此類型的虛擬網路交換器，通常用於將 Hyper-V 主機隔離的測試環境，例如，僅從 Hyper-V 主機存取不同的 VM 虛擬主機。

透過下列 PowerShell 指令，便可以快速建立一個內部虛擬網路交換器：

```
New-VMSwitch -Name internal -SwitchType Internal -Notes 'Internal VMs
only'
```

私有虛擬網路交換器

「**私有虛擬網路交換器**」（**Private vSwitch**），允許同一台 Hyper-V 主機上的 VM 虛擬主機之間互相溝通，但是不允許與 Hyper-V 主機或外部實體網路溝通。此類型的虛擬網路交換器，通常用於「**客體叢集網路環境**」（**Guest Cluster Networking**），例如，在

《第 2 章： HA 高可用性解決方案》章節中所提到的，此外也常用於與外部隔離的測試環境。

透過下列 PowerShell 指令，便可以快速建立一個私有虛擬網路交換器：

```
New-VMSwitch -Name private -SwitchType Private
```

Hyper-V 虛擬網路支援 VLAN 機制，但是並非在 vSwitch 層級進行組態配置，而是在虛擬網路介面層級進行設定。在虛擬網路交換器管理員視窗中，你只需要勾選 VLAN ID 選項，並填入與實體交換器設定對應的 VLAN ID 即可，或是在先前執行 PowerShell 指令時，搭配 AllowManagementOS 參數進行指定。

虛擬網路卡

Hyper-V 提供 2 種類型的虛擬網路卡，分別是「**傳統網路介面卡**」（**Legacy Network Adapter**），以及預設的「**綜合網路介面卡**」（**Synthetic Network Adapter**）。其中，傳統網路介面卡主要用於 **PXE Boot** 網路啟動，但是只擁有 100 Mb 的網路傳輸頻寬，所以應該盡量避免使用。此外，當使用**第 2 世代** VM 虛擬主機時，採用綜合網路介面卡也可以支援 PXE Boot 網路啟動機制。

在前面的小節中已經提到，VM 虛擬主機的虛擬網路卡（簡稱 vmNIC），將會連接到 vSwitch 虛擬網路交換器。現在，我們可以將 vmNIC 加入至指定的 VLAN 當中，那麼 VM 虛擬主機的網路流量，便會透過 VLAN（Tagged）傳輸至虛擬網路交換器及實體網路環境。因此，不需要在你的網路環境中，為 Hyper-V 主機分別插上 15 條不同的網路線連接到 15 個不同的 IP 網段，透過 VLAN 機制只需要 1 ~ 2 張實體網路卡即可達成。

透過下列 PowerShell 指令，為指定的外部虛擬網路交換器加上 VLAN ID ：

```
Set-VMNetworkAdapterVlan -VMName EyVM01 -VMNetworkAdapterName "External"
-Access -VlanId 10
```

重要資訊

我們也可以一次指定 VLAN 範圍至外部虛擬網路交換器：

```
Set-VMNetworkAdapterVlan -VMName EYVM01-Trunk
-AllowedVlanIdList 1-100 -NativeVlanId 10
```

執行上述 PowerShell 指令，一次指定 VLAN 範圍 VLAN ID **1 ~ 100** 網路流量，透過 VLAN（Tagged）機制允許通過外部虛擬網路交換器，至於未標記的網路流量將會採用預設的 VLAN ID **10**。

此外，在 Hyper-V 主機網路環境中並非僅支援單純的 VLAN 功能，還支援其它功能如 VLAN 隔離模式、混合模式、PVLAN……等，詳細資訊請參考 TechNet 文件庫《Set-VMNetworkAdapterVlan》`http://bit.ly/1mDy6GH`。

事實上，最佳建議作法是每張實體網路卡只負責處理 1 個 VLAN。如果，你需要建置容錯移轉叢集或其它應用情境時，強烈建議你使用 SCCM 進行 VLAN 的管理作業，詳細資訊請參考《第 7 章： 透過 System Center 進行管理》。

當我們啟用 VLAN 運作機制，以邏輯的方式隔離網路流量時，為了確保不會因為某些網路流量佔用大量網路頻寬，進而影響到線上營運環境中其它 VM 虛擬主機。此時，我們可以使用網路流量頻寬管理功能，也就是「**服務品質**」（**Quality of Service，QoS**）管控機制，透過 QoS 網路流量管控機制，我們可以確保線上營運環境的服務或應用程式，能夠得到應有的網路頻寬。在 Hyper-V 主機中，支援 2 種 QoS 網路流量管控組態設定：

- 最小頻寬。
- 最大頻寬。

針對 QoS 網路流量管控的組態設定，最佳建議作法是僅設定**最小頻寬**但不設定最大頻寬。請執行下列 PowerShell 指令，針對指定的 VM 虛擬主機設定最小頻寬：

```
Set-VMNetworkAdapter -VMName EYVM1 -MinimumBandwidth 1000000
```

在 QoS 網路流量管控的計算單位為**每秒 Mbps** 傳輸。此外，你也可以透過 Hyper-V 管理員進行設定，如下圖所示：

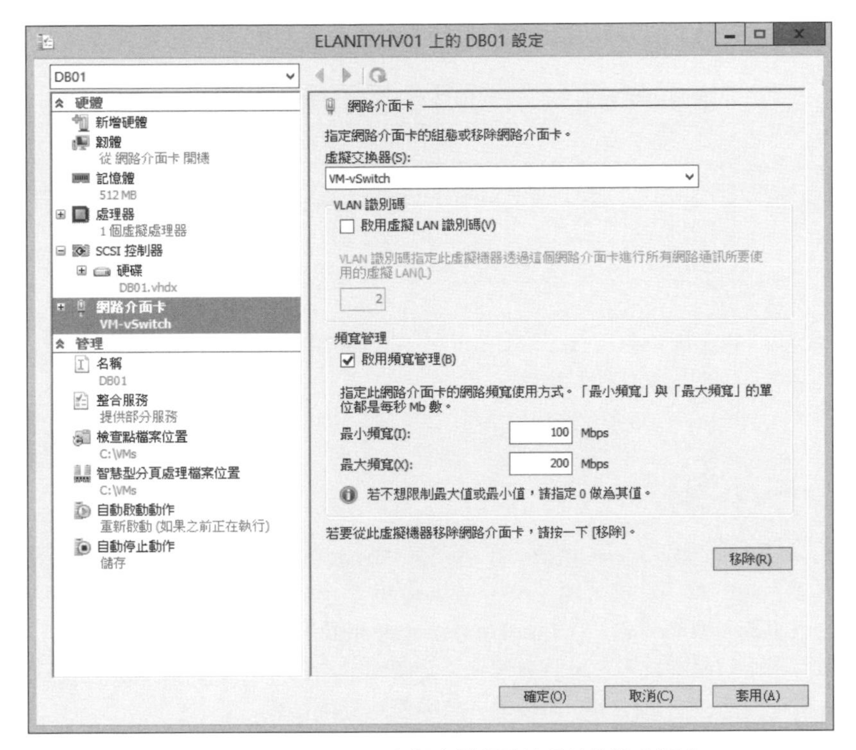

Hyper-V 管理員 – VM 虛擬主機網路流量管控設定視窗

如上圖所示，我還設定了最大頻寬為 200 Mbps。

事實上，設定絕對網路頻寬的方式並非最佳作法，其實還有個設定網路頻寬管理的機制稱為「**權重**」（**Weights**），但是權重的網路頻寬管理機制，**無法**透過 Hyper-V 管理員進行設定，只能夠使用 **PowerShell** 指令。首先，必須要針對 vSwitch 啟用權重網路頻寬管理機制，接著指定網路頻寬的權重數值即可：

1. 建立 vSwitch 並結合 `DefaultFlowMinimumBandwidthWeight` 參數，啟用權重網路頻寬管理機制：

```
New-VMSwitch -Name external -NetAdapterName "Local Area Connection 2" -DefaultFlowMinimumBandwidthWeight
```

2. 預設情況下，參數 `DefaultFlowMinimumBandwidthWeight` 的權重數值為 **50**，當服務或應用程式需要更多的網路頻寬時，你應該提高權重數值（最大值為 100），對於比較不重要的服務或應用程式，則應該降低權重數值。

在典型的 Hyper-V 容錯移轉叢集環境中，我的最佳建議 QoS 網路頻寬權重數值如下：

網路流量類型	QoS 權重數值
Management	10
Cluster	15
Live Migration	25
Virtual Machines	50

設定 QoS 網路頻寬權重數值後，最好指向至結合網路卡小組的 vSwitch 虛擬網路交換器，以便因應非預期的網路中斷事件。

網路卡小組

在 Windows Server 2012 版本之前，雖然支援網路卡小組運作機制，但是並非 Windows Server 作業系統的原生功能。現在，在 Windows Server 2012 / 2012 R2 版本中，已經內建「**負載平衡及容錯移轉**」（**Load Balancing and Failover，LBFO**）功能。當啟用內建的網路卡小組機制後，系統將會建立一個邏輯網路物件「**tNIC（team NIC）**」，並且最佳建議作法是建立網路卡小組後建立虛擬網路交換器。

你可以直接針對多張網路卡建立 tNIC，但不一定要建立虛擬網路交換器。但是，這樣的應用方式就無法支援 QoS 網路流量管控機制。

在 Windows Server 2012 R2 版本中，支援 3 種不同的網路卡小組模式：

- **交換器獨立：** 預設值，無須實體網路交換器進行任何額外的組態設定。同時，強烈建議你應該分別連接至不同的實體網路交換器，以避免發生 SPOF 單點失敗的情況。
- **靜態小組：** 使用此模式時，所有成員網路卡必須連接到同一台實體網路交換器，或實體交換器支援 **MLAG（Multi-Chassis Link Aggregation）**功能。此外，所連接的網路交換器連接埠必須設定為**靜態 / 通用**模式。
- **LACP** ： 使用此模式時，所有成員網路卡必須連接到同一台實體網路交換器，或實體交換器支援 MLAG（Multi-Chassis Link Aggregation）功能。採用 LACP 模式時，支援所連接的網路交換器採半自動配置，並且所連接的網路交換器連接埠必須設定為**靜態**模式。

在分散網路流量方面，分別支援 3 種不同的負載平衡演算法，以便定義網路流量如何分散工作負載至不同的成員網路卡：

- **位址雜湊**： 針對「**流出**」（**Outgoing**）的網路封包建立雜湊值，具有相同雜湊值的網路封包，將會被路由到同一張實體網路卡。至於「**流入**」（**Incoming**）的網路封包，則視採用的網路卡小組模式而定，若採用「交換器獨立」（Switch Independent）網路卡小組模式時，則只會使用第一張實體網路卡。
- **Hyper-V 連接埠**： 針對 vSwitch 虛擬網路交換器的連接埠，進行分散網路流量的負載平衡演算，採用單張虛擬網卡的 VM 虛擬主機，其網路流量並不會分散至不同的實體網路卡，但是所有的網路卡小組成員網卡，將會處理 VM 虛擬主機所有流出的網路流量，一旦 VM 虛擬主機採用哪張成員網卡處理**流出**網路流量後，也將使用相同的網路卡處理**流入**的網路流量。因此，同一時間僅會使用單張成員網卡，而不是同時使用多張成員網卡。
- **動態**： 針對「**流出**」（**Outgoing**）的網路封包，結合 Hyper-V 連接埠及位址雜湊演算法的優點，透過排序演算法雜湊表以得到最佳化的流量負載平衡。在 Windows Server 2012 R2 版本中，採用此負載平衡演算法，可以讓流出及流入的網路流量有效進行全面的負載平衡。

那麼，讓我們來看看在實務上企業及組織，將會採用哪種網路卡小組模式及負載平衡演算法：

- **交換器獨立 / 動態**： 當 VM 虛擬主機並**未使用**客體網路卡小組模式時，採用此網路卡小組模式及負載平衡演算法，將能提供最佳運作效能及容錯移轉功能。
- **交換器獨立 / 位址雜湊**： 當 VM 虛擬主機**使用**客體網路卡小組模式時，建議採用此網路卡小組模式及負載平衡演算法，以便 VM 虛擬主機可以連接到多台虛擬網路交換器，這是典型的 SR-IOV 組態配置（詳細資訊請參考《第 6 章：Hyper-V 最佳化效能調校》）。

此外，還有另一種「**待命介面卡**」的組態設定，也就是當主要網路卡故障損壞時，備用網路卡才會啟動並接手相關網路流量。最佳建議作法是，在網路卡小組當中所有成員網卡都設定為啟用狀態。

在我的顧問經驗中，若採用依賴網路交換器模式（例如，靜態小組、LACP），則對於整體網路環境架構將提升複雜度，同時也可能無法提供最佳化運作效能。

有關 Windows Server 2012 R2 網路卡小組，詳細的部署及管理資訊請參考《Windows Server 2012 R2 NIC Teaming（LBFO）Deployment and Management》http://bit.ly/Ud1vMh 文件。

如下圖所示為網路卡小組的組態設定視窗：

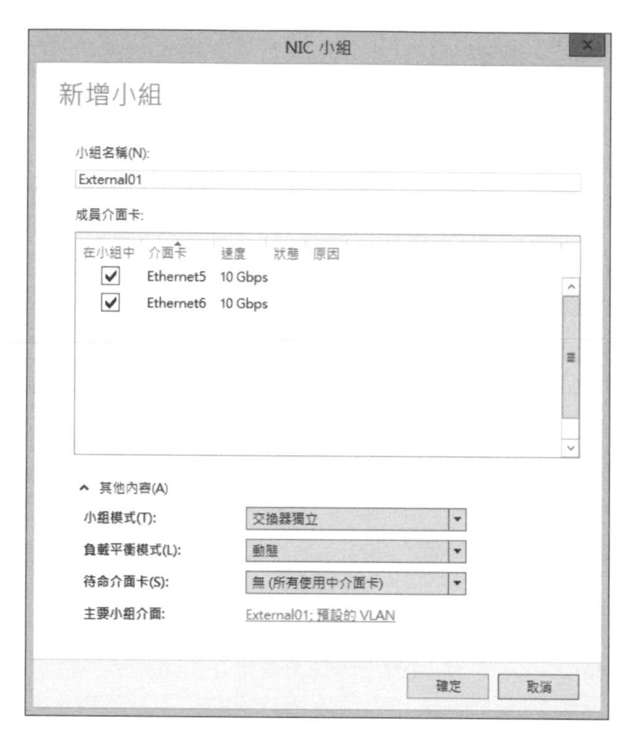

融合式網路

透過 Hyper-V 網路虛擬化運作機制，整合 VLAN、QoS、vNIC……等特色功能，我們得以將底層實體網路環境抽離，每台 Hyper-V 主機不需要額外的實體網路卡，只需要幾張高速網路卡如 10 GbE 即可，而不需要配置多張 1 GbE 網路卡，並且建構網路卡小組及整合虛擬網路交換器後，就能使用融合式網路解決方案，幫助企業或組織建構出真正 SDN 軟體定義網路環境。

採用「**交換器獨立**」網路卡小組模式及「**動態**」負載平衡演算法，能夠提供最快的網路頻寬給 VM 虛擬主機，以及靈活的網路類型運用。在下列 PowerShell 指令中，我們將建立外部虛擬網路交換器，並且建立 4 種不同網路流量類型的 vNIC，同時結合 QoS 網路頻寬權重運作機制，以確保每種網路流量都能得到該有的網路頻寬：

```
Add-VMNetworkAdapter -ManagementOS -Name "Management" -SwitchName
"External" MinimumBandwidthWeight 10


Add-VMNetworkAdapter -ManagementOS -Name "Live Migration" -SwitchName
"External" MinimumBandwidthWeight 25


Add-VMNetworkAdapter -ManagementOS -Name "VMs" -SwitchName "External"
MinimumBandwidthWeight 50


Add-VMNetworkAdapter -ManagementOS -Name "Cluster" -SwitchName "External"
MinimumBandwidthWeight 15
```

上述 PowerShell 指令執行後，將產生非常靈活的網路解決方案。如下圖所示，在這樣的融合式網路運作環境中，可以滿足 Hyper-V 主機產生的所有網路流量類型及工作負載：

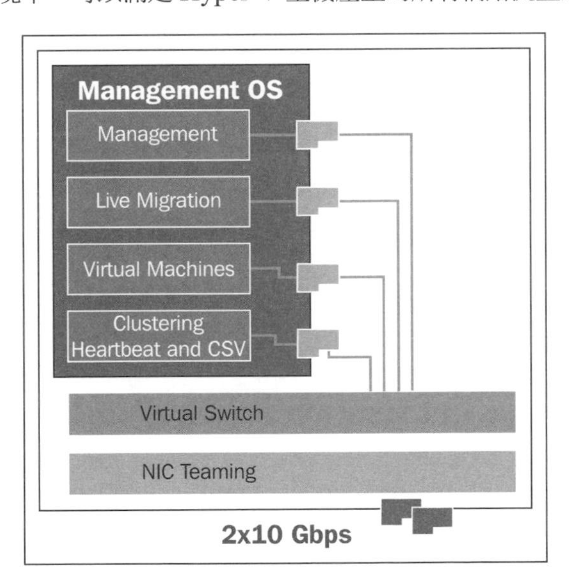

我們強烈建議使用融合式網路運作架構，而非傳統利用非常多張 1 GbE 網路卡，以 1 對 1 的方式去對應每項網路流量工作負載。

儲存網路

如果，在企業或組織的 SAN 儲存資源運作環境中，儲存網路採用**光纖通道（Fibre Channel）**為傳輸媒介的話，那麼就不需要考慮採用融合式網路。但是，若採用 iSCSI 也就是乙太網路當成傳輸媒介時，那麼也不該把儲存網路流量加入至融合式網路環境中。主要原因在於，iSCSI 網路流量的負載平衡及容錯移轉機制，應該採用「**多重路徑**」（**Multipath I/O，MPIO**）機制而非網路卡小組。簡單來說，其實網路卡小組並不支援 iSCSI 傳輸機制，詳細資訊請參考 TechNet 部落格文章《Is NIC Teaming in Windows Server 2012 supported for iSCSI, or not supported for iSCSI? That is the question…》`http://bit.ly/1mVYDyq`。

最佳建議作法，是在 Hyper-V 主機層級便將 iSCSI 網路流量進行隔離，應該在 Hyper-V 主機上配置 2 張專用的網路卡，建立 MPIO 多重路徑達成 iSCSI 的負載平衡及容錯移轉，而不是將這 2 張專用網路卡加入至網路卡小組當中。

如果，你的儲存資源網路環境是採用 SMB 3 進行傳輸時，那麼也不應該將網路流量歸納至融合式網路中，應該採用「**SMB 直接傳輸**」（**SMB Direct**）運作機制，也就是採用專用且支援 RDMA 卸載功能的網路卡。

SMB Direct（RDMA）

當你採用 SMB 3 作為儲存網路環境，或是透過 SMB 3 進行 VM 虛擬主機即時遷移時，那麼採用融合式網路架構將無法達到最佳運作效能。在這種運作環境中，我們強烈建議為每台 Hyper-V 主機配置 2 張 RDMA 網路卡，但是請**不要**為 RDMA 網路卡建立網路卡小組，也**不要**為 RDMA 網路卡設定 MPIO 機制。首先，請為每張 RDMA 網路卡配置不同的子網路，此時 Windows Server 將會自動啟用「**SMB 多重通道**」（**SMB MultiChannel**）機制，達成 SMB 3 網路環境的負載平衡及容錯移轉功能，同時採用 RDMA 網路卡將能有效降低 CPU 工作負載，並且當主機偵測到配置 RDMA 卸載功能的網路卡時，系統將會自動啟用「**SMB 直接傳輸**」（**SMB Direct**）運作機制。

目前，有 3 種支援 RDMA 功能的網路架構及通訊協定：

- **RoCE**： 為 **RoCE（RDMA over Converged Ethernet）**，可以直接使用現有的乙太網路交換器，但是建立過程相較於 iWARP 則複雜許多，在 **RoCE v1** 版本中為 **Layer 2** 層級的運作環境，而最新的 **RoCE v2** 則是 **Layer 3** 運作環境。相關詳細資訊請參考 TechNet Jose Barreto 部落格文章 `http://bit.ly/1miEA97`。

- **iWARP**：與 RoCE 相較下 iWARP 的建構過程較為簡單，同時它也可以直接使用現有的乙太網路交換器，並且 iWARP 預設便是採用 Layer 3 運作架構。相關詳細資訊請參考 TechNet Jose Barreto 部落格文章 `http://bit.ly/1ebTrCc`。
- **InfiniBand**： 採用 InfiniBand 運作架構時，將無法採用現有的乙太網路基礎架構，它提供非常大的傳輸頻寬以及很棒的運作效能。如果，你想要擁有最大運作效能那麼就採用 InfiniBand 吧。相關詳細資訊請參考 TechNet Jose Barreto 部落格 `http://bit.ly/1tTe7IK`。

上述 3 種支援 RDMA 功能的通訊協定，都可以支援及擔任 SMB 3 儲存資源的儲存網路角色，同時能夠提供最佳運作效能以及更快的即時遷移。值得注意的是在我的顧問經驗中，如果 Hyper-V 主機運作的網路環境並非 10 GbE 的話，那麼其實就不需要考慮配置 RDMA 網卡。

進階網路功能選項

當我們建立融合式網路架構後，可以更進一步的了解 Hyper-V 運作架構中，關於網路環境組態配置中更進階的設定，以便達成最終建立網路虛擬化的目的。當網路虛擬化運作環境建立後，即便多台 VM 虛擬主機都採用同一個固定 IP 位址，仍然不會互相干擾或有衝突的情況發生，這背後主要採用的運作機制便是 **NVGRE 封裝**技術，以及透過 **NVGRE 閘道**運作機制達成。但是，實務上並非每家企業或組織都需要此機制，因此當你需要時再建置及使用它們即可，同時這也不是本書所要著墨的重點，詳細資訊請參考 Microsoft MSDN 文章《Network Virtualization using Generic Routing Encapsulation（NVGRE）Task Offload》`http://bit.ly/Ud5WXq`。

相信管理者應該有過這樣的經驗，就是在網路環境中有可能出現一台未經授權的 DHCP 伺服器，這台未授權的 DHCP 伺服器將會擾亂你的網路環境。雖然，在 **Active Directory 網域**環境中，可以針對 Windows DHCP 伺服器進行授權與否的設定，但是對於其它作業系統所建立的 DHCP 伺服器，無法有效進行授權與否的組態設定。因此，透過 Hyper-V 主機當中的「**DHCP 防護**」（**DHCP Guard**）功能，可以有效避免 VM 虛擬主機啟用未授權的 DHCP 伺服器服務，進而擾亂整體網路運作環境。

最佳建議作法，是針對所有 VM 虛擬主機都啟用 DHCP 防護功能。當然，我們可以透過下列 PowerShell 指令快速達成目的：

```
Get-VM | Set-VMNetworkAdapter -DhcpGuard On
```

因為，預設並未針對所有 VM 虛擬主機啟用 DHCP 防護功能，因此當叢集中 VM 虛擬主機數量眾多時，可能管理人員會有疑慮此舉是否會造成整體運作效能上的影響。在我的顧問經驗中，針對所有 VM 虛擬主機啟用 DHCP 防護功能後，對於整體運作效能的影響來說微乎其微，同時還能有效過濾 DHCP 封包對網路環境所造成的影響。

另一個與 DHCP 防護類似的功能，稱之為「**Router 防護**」（**Router Guard**）。它可以有效過濾 ICMP Router 封包對網路環境所造成的影響。

IPAM

在 Windows Server 2012 R2 版本中，另一個我最喜歡的特色功能就是「**IP 位址管理**」（**IP Address Management，IPAM**），它非常簡單且容易使用並且能有效幫助 IP 位址的管理作業。

當你需要為新建立的 VM 虛擬主機指派固定 IP 位址時，通常你都怎麼判斷哪些 IP 位址能夠使用呢？ 隨意 Ping 某些 IP 位址看看是否有回應？ 檢查 DNS 伺服器當中的 A 記錄？ 檢查 DHCP 伺服器中租約記錄？ 檢查 IP 位址統計 Excel 檔案內容 ？ ……等，這些檢查方式都是一般通用流程，但是仍有可能因為人為疏忽或 IP 租約更新間隔等因素，造成採用已經使用的 IP 位址而發生衝突的情況。

IPAM 位址管理的運作機制就像 Excel 清單的動態版本，它會定期掃描 DNS 伺服器中所記錄的 IP 位址，以及 DHCP 伺服器內記錄已使用的 IP 位址，自動記錄所有已經使用的 IP 位址後，提供給 VM 虛擬主機真正閒置且可以使用的 IP 位址。

我並不知道如何完整的透過 PowerShell 指令設定 IPAM 機制，因此我建議你可以依照 TechNet 部落格文章《Step-By-Step: Setup Windows Server 2012 IPAM in your environment》`http://bit.ly/1qgEw1R` 進行設定：

IPAM 功能管理介面

結語

至此，你現在已經熟悉 Hyper-V 網路功能的組態配置及最佳作法。同時，也了解如何使用融合式網路的優點，並且避免將不適當的網路流量加入至融合式網路當中。

現在，讓我們進入《第 6 章：Hyper-V 最佳化效能調校》章節，了解對於線上營運環境中相關進階功能組態設定，以及硬體加速功能及網路最佳化。

6

Hyper-V 最佳化效能調校

單靠猜測來判斷問題發生的原因，那麼只會走向失敗的道路而已。你必須明確知道你的需求後，打造良好的基礎架構及未來功能藍圖，並且配合本書的最佳建議作法以避免發生效能問題，同時有效的監控主機及工作負載，以便發生問題時能夠幫助你快速進行修復。

Aidan Finn – MVP Hyper-V

在熟悉 Hyper-V 虛擬化平台的基礎架構後，該是讓我們把焦點轉回最佳化效能調校的議題了。

下列便是本章所要討論的技術議題：

- 效能測量。
- 效能調校以及運作規模大小的調整準則：
  - ✧ 硬體。
  - ✧ 儲存 / 網路。
  - ✧ Hyper-V 伺服器角色。
- 運作效能壓力測試。
- VDI 虛擬桌面效能調校以及虛擬 GPU。

效能測量

在我們開始進行效能調校之前，我們必須先了解目前運作環境的現況。許多 Hyper-V 專案最後之所以會失敗收場，主要原因就是一開始的需求評估，並沒有完整且精確的了解目前及未來的需求所導致，因此在《第 1 章：加速 Hyper-V 部署作業》章節中，我們提到可以透過 MAP 統計分析工具來幫助你，透過 MAP 工具收集實體伺服器的硬體資訊及工作負載，以便評估該實體伺服器是否適合執行 Hyper-V 虛擬化平台。事實上，在企業或組織的運作環境中，倘若已經建置 **SCOM（System Center Operations Manager）**，那麼它可以提供比 MAP 工具更詳細精確的評估，詳細資訊請參考《第 7 章： 透過 System Center 進行管理》章節內容。

上述 2 項工具，都可以收集分析 Hyper-V 主機及 VM 虛擬主機的工作負載，並且將相關統計數據儲存至資料庫當中，強烈建議你收集分析工作負載數據的時間應持續 **1 個月**，以便建立完整且可預估的工作負載準則。透過長時間持續收集工作負載數據，你可以得到主機工作負載的最小值及最大值，並且透過平均值可以了解到主機的平均工作負載，透過最大值了解主機的最高工作負載。如下統計表格所示，便是主機進行收集分析後所得到的工作負載數據：

M	Operating System	CPU	Cores	Average CPU Utilization (%)	Maximum CPU Utilization (%)	95th Percentile CPU Utilizati	Memory (MB)	Average Memory
w 3	Microsoft(R) Windows(R)	Intel(R) Xeon(R) CPU X5660	Insufficient	0,9	6,42	2,05	2048	0,65
V 8	Microsoft Windows	Intel(R) Xeon(R) CPU X5660	1	0,16	8,88	0,45	4096	0,55
s a	Microsoft Windows XP	Intel(R) Xeon(R) CPU X5660	1	3,98	10,34	7,95	2040	0,52
V 1	Microsoft Windows	Intel(R) Xeon(R) CPU E5-2630 0 @	4	5,06	30,02	18,36	51197	43,45
V 8	Microsoft Windows	Intel(R) Xeon(R) CPU X5660	4	2,81	18,32	5,2	24576	11,96
V 8 S	Microsoft Windows Server 2008 R2	Intel(R) Xeon(R) CPU X5660 @ 2.80GHz, 64 bit	4	5,02	42,37	12,48	16384	8,33

針對主機進行收集分析所得到的工作負載數據中，不管是 CPU、記憶體、硬碟……等工作負載數據，其中最值得注意的欄位便是 **95 %** 的使用數據，透過 95 % 欄位的統計數據可以有效了解主機的真正工作負載情況。

事實上，不管是使用 MAP 或 SCOM 工具都是使用效能計數器。當然，你也可以自行手動組態設定「**Windows 效能監視器**」（**Windows Performance Monitor**）。

效能計數器

讓我們來看看在 Hyper-V 虛擬化平台中，最重要的效能監控工具 Windows 效能監視器，你可以執行 **perfmon.exe** 檔案來開啟它。

下列所介紹的效能計數器項目，除非額外說明否則大部份的效能計數器項目，都可以同時用於實體伺服器及 VM 虛擬主機環境中。

測量磁碟效能

首先，如同我們在前面章節中所討論的，在資料中心運作環境中的基礎架構，是否擁有足夠的 IOPS 儲存資源是非常重要的。透過這 2 個重要的效能計數器，可以有效告訴我們系統是否有足夠可用的 IOPS： `\Logical Disk（*）\Avg. Disk sec/Read` 及 `\Logical Disk（*）\Avg. Disk sec/Write`。

這 2 項效能計數器，可以測量目前系統中磁碟的讀取及寫入延遲時間，倘若儲存資源具備足夠 IOPS 的話，那麼效能統計數據便不應該超過 **15 ms**。

當效能統計數據介於 15 ~ 25 ms 時，對於 VM 虛擬主機或應用程式會有效能影響，當超過 25 ms 時表示磁碟發生嚴重延遲並影響效能。當 Hyper-V 虛擬化平台發生運作效能低落時，通常就是磁碟發生嚴重延遲進而影響整體運作效能，因為 IOPS 儲存資源在規劃時常常被忽略。

值得注意的是，效能計數器 `Logical Disk` 適用於統計 NAS 及 SAN，它所統計的是整個邏輯磁碟的使用率，而非針對單顆磁碟進行統計。

測量記憶體效能

當你希望檢查在 Hyper-V 主機中，是否有足夠的記憶體資源供 VM 虛擬主機使用時，可以透過下列 2 項效能計數器來幫助你：

- **\Memory\Available Mbytes：** 此項目可以測量使用中的記憶體資源，請確保至少應維持 **15 %** 的可用記憶體資源。如果，可用記憶體資源不足時，你應該為 Hyper-V 主機增加更多的實體記憶體，以便確保擁有足夠的緩衝記憶體空間，同時能夠運作更多的 VM 虛擬主機。

- **\Memory\Pages/sec：** 此項目為測量磁碟，平均要花費多久時間存取一次「硬體分頁錯誤」（Hard Page Faults）資訊，也就是作業系統將記憶體中的內容儲存至磁碟當中的時間。此數值同樣會影響整體運作效能，請確保此計數器數值保持在每秒 **500 pages** 以下，否則你應該要為 Hyper-V 主機增加更多的實體記憶體空間。

測量網路效能

同樣的，針對 Hyper-V 主機的網路效能的部分，你可以透過下列 2 項效能計數器來幫助你進行判斷：

- **\Network Interface（*）\Bytes Total/sec：** 此項目可以測量目前網路頻寬的使用率，請確保 Hyper-V 主機的剩餘可用網路頻寬維持在 **20 %**，否則你應該考慮重新規劃 Hyper-V 主機的網路頻寬使用情況。
- **\Network Interface（*）\Output Queue Length：** 此項目為測量目前實體網路卡中，用於傳送網路封包的延遲情況。此數值應該始終都為 **0** 才對，當數值高於 **1** 時將會嚴重影響網路效能。

倘若是測量 Guest OS 的網路頻寬使用率時，請改為採用 **\Hyper-V Virtual Network Adapter（*）\Bytes/sec** 效能計數器項目，以確認哪些虛擬網路卡佔用大部分的網路頻寬。

測量 CPU 處理器運算效能

最後，針對 CPU 處理器運算效能的部分，你可以透過下列 2 項效能計數器來幫助你進行判斷：

- **\Processor（*）\% Processor Time：** 此項目為測量主機的 CPU 處理器整體效能使用率。最佳建議是此數值不應該超過 **80 %**。
- **\Hyper-V Hypervisor Logical Processor（_Total）\% Total Run Time：** 此項目為 Hyper-V 主機上，測量 Guest OS 的虛擬 vCPU 處理器使用率。

當你需要測量 Hyper-V 主機實體 CPU 處理器使用率時，請使用 **Hyper-V Hypervisor Root Virtual Processor - % Total Run Time** 計數器項目。

你已經了解 **\Hyper-V Hypervisor Logical Processor（_Total）\% Total Run Time** 計數器項目的用途。另一個類似的計數器項目則是 **Hyper-V Hypervisor Virtual Processor（_Total）\% Total Run Time**。

它也是用於 Hyper-V 主機上的效能測量項目，它可以測量在 Hyper-V 主機分配給 VM 虛擬主機中，虛擬 CPU 處理器的數量是否適當。倘若 Logical Processor 計數器數值高，但 Virtual Processor 計數器數值低，那麼就表示你分配給 VM 虛擬主機的 vCPU 數量，遠高於 Hyper-V 主機所擁有的 CPU 運算核心。

至於 **\Hyper-V Hypervisor Virtual Processor（*）\%Guest Run Time** 計數器項目，則是可以幫助你識別哪顆 vCPU 處理器，正在消耗 Logical Processor 處理器運算資源。如下圖所示，為 **Windows 效能監視器（Perfmon）**的操作畫面：

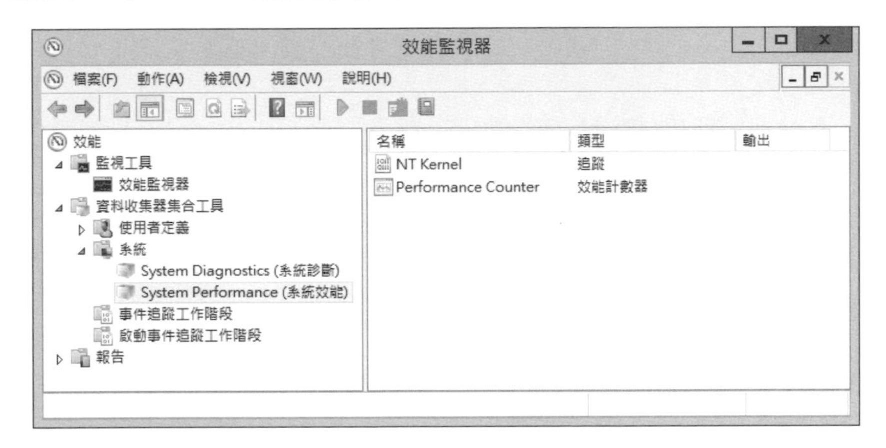

效能調校

當你採用效能計數器相關項目，並且開始收集及分析主機的工作負載數據後，在硬體資源方面記憶體、網路、磁碟這 3 個項目的統計數據，通常能夠一目了然的表達結果，所以讓我們來看看 CPU 處理器這比較複雜的部分。

當 Logical Processor 計數器數值低，但 Virtual Processor 計數器數值高，那麼就表示你可以為 VM 虛擬主機，增加更多的 vCPU 處理器運算資源，因為仍有許多可用的 Logical Processor 運算資源。

從理論上來看，分配多少 vCPU 給 VM 虛擬主機確實沒有上限，微軟的最佳建議是每顆 CPU Cores 運算核心，最多不要超過 **8 vCPU Cores** 的工作負載，倘若是用於 VDI 虛擬桌面環境時，每個 CPU Cores 運算核心最多不要超過 **12 vCPU Cores** 的工作負載。但是這並非絕對值，因為在許多低工作負載的運作環境中，運算資源的集縮比例可以不斷提升。

在我個人的顧問經驗中，對於線上正式營運環境工作負載的集縮比例為 **1：4**，若是 VDI 虛擬桌面運作環境則集縮比例是 **1：12**。

值得注意的是，擁有 4 vCPU 虛擬處理器的 VM 虛擬主機，實際上會比只有 2 vCPU 的 VM 虛擬主機運作來得慢，因為 4 執行緒可以執行的等待時間通常比 2 執行緒來得久，這就是為什麼你應該為 VM 虛擬主機配置必要的 vCPU 即可，避免過度配置 vCPU 給 VM 虛擬主機對運作效能造成反效果。

Hyper-V 電源選項及綠能 IT

預設情況下，在 Windows Server 中運作的 Hyper-V 虛擬化平台，已經啟用綠能 IT 機制並進行最佳化組態配置。當你希望主機擁有最佳運作效能，但同時又希望能夠達到節省電力的目的，想要同時達成這 2 個目標是有困難的，此時你只能盡量選擇折衷的方案。在 Hyper-V 虛擬化平台中支援許多省電機制，例如，CPU 核心暫止（CPU Core Parking）、調整 CPU 運算時脈……等，同時在 Hyper-V 主機上並沒有待機或休眠模式。我個人建議採用綠能 IT 運作環境，因為在企業或組織的資料中心內，佔用整體 IT 預算約 2/3 的費用為空調系統及電力，而僅有 1/3 的費用才是用於採購實體伺服器。因此，在 IT 基礎架構的運作環境中，採用綠能 IT 的作法便更顯重要。

在綠能 IT 基礎架構下運作的 Hyper-V 虛擬化平台，只有在極少數的情況下，進行效能壓力測試時才會輸給其它虛擬化產品。

當你調整 Hyper-V 主機的預設電源選項時，有可能會影響 Hyper-V 主機運作效能，同時不一定能夠達到省電的效果。

當 Windows Server 安裝完成後，不管安裝於實體或虛擬運作環境中，預設情況下電源選項為「**平衡**」（**Balanced**）。當你將電源選項切換為「**高效能**」（**High Performance**）後，Hyper-V 主機將會提升 **10 %** 的效能及更低的延遲時間，但是在 VM 虛擬主機中 Guest OS 層級中（調整電源選項並不會有任何效果）。此外，在我的顧問經驗中，曾經有 SQL 資料庫伺服器調整電源選項為高效能後，讓整體運作效能提升 20 %。

針對電源選項的部分最佳建議作法如下：

- 對於實驗環境、測試環境、低工作負載環境的 Hyper-V 主機，採用預設的**平衡**電源計劃即可。
- 針對線上正式營運環境的工作負載，請調整為**高效能**電源計劃。
- VM 虛擬主機當中的 Guest OS，請採用預設的**平衡**電源計劃即可。

此外，當有人希望進行效能壓力測試時，請確保你已經將電源選項調整為**高效能**電源計劃。

要將 Hyper-V 主機的電源選項調整為高效能計劃，只要執行下列指令即可：

```
POWERCFG.EXE /S SCHEME_MIN
```

在上述指令中的 `SCHEME_MIN` 參數，並不是指最低效能而是最小化省電機制。此時，Hyper-V 主機將會持續啟用 CPU Turbo 機制，並且停用 CPU 核心暫止機制。

如下圖所示，為 Windows Server 調整電源選項的操作畫面：

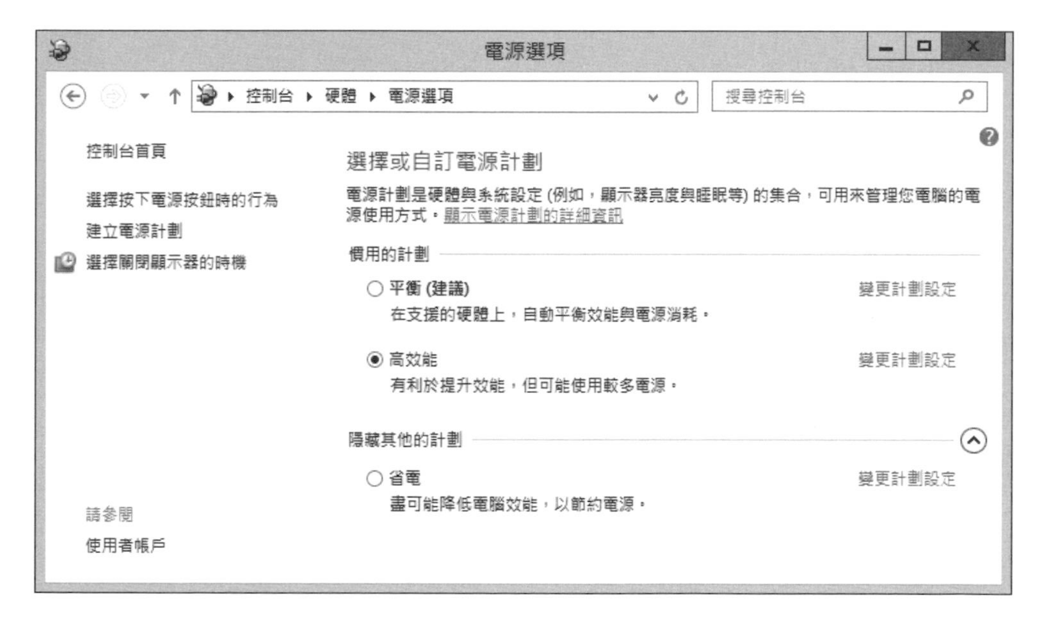

倘若，你希望調回預設的平衡電源計劃，請執行 `POWERCFG.EXE /S SCHEME_BALANCED` 指令。

最後，無論 Hyper-V 主機使用哪種電源計劃，你應該確保使用高效率的電源供應器、可變速率伺服器風扇……等運作元件，盡可能在電力及節省費用之間取得平衡點。

硬體效能調校選項

關於 Hyper-V 主機的效能表現，還有一些可以讓運作效能提升的選項。首先，請採用 Hypervisor 支援的硬體輔助虛擬化功能，驅動程式及應用程式的使用情境彼此之間也有很大的關聯性。那麼，讓我們開始了解在 Hyper-V 主機當中，有哪些高效能硬體的選項吧。

Hyper-V 主機選擇採用的 CPU 處理器，應該盡量支援更多的 Core 運算核心及快取空間，以便提升 VM 虛擬主機的運作數量，以及 Hyper-V 主機的整體運算效能。截至 2014 年為止，Intel 處理器提供 37.5 MB 快取空間的 CPU 處理器，但費用要價 7,000 美元，這比起其它虛擬化用途的主流 CPU 處理器來說，價格昂貴許多。

強列建議選購的 CPU 處理器，必須支援「**第二層位址轉譯**」（**Second Level Address Translation，SLAT**），此功能並非 Windows Server 作業系統要使用，而是使用於 Hyper-V 主機上運作的 VM 虛擬主機（Guest OS 需要使用它），即便是 VDI 虛擬桌面工作負載也需要它。簡單來說支援 SLAT 功能選項，對於 Intel 處理器來說此功能稱為「**延伸分頁表**」（**Extended Page Tables，EPT**），對於 AMD 處理器來說此功能稱為「**快速虛擬化索引處理**」（**Rapid Virtualization Indexing，RVI**）或「**巢狀分頁表**」（**Nested Page Tables，NPT**），這樣的硬體輔助虛擬化功能，可以有效降低 Hyper-V 主機因虛擬化而損耗的硬體資源。同時，盡量選擇採用「**高時脈**」的 CPU 處理器，以 Intel Xeon E7 v2 的 CPU 處理器來說，選擇 3.4 GHz 時脈的 CPU 處理器後，屆時運作中可以自動提升至 3.7 GHz 運算時脈。1 顆高時脈運算核心與 2 顆低時脈運算核心相較下，1 顆運算核心高時脈的運作效能較佳，多運算核心必須環境搭配才能良好運作，同時若開啟「**超執行緒技術**」（**Hyper-Threading，HT**）後，因為是邏輯共享運算核心資源，因此運算效能相較於 1 顆運算核心來說較低。

就目前市場情況來看，在 Hyper-V 主機中僅支援 2 種 CPU 處理器： Intel 及 AMD。這 2 種 CPU 處理器我都測試過，並沒有任何一方佔有絕對的效能優勢，所以選擇你習慣配合的處理器供應商，以及最佳 C/P 值的 CPU 處理器。在我的經驗中，採用相同採購價格情況下的 AMD 處理器，通常在效能表現上會好一點點，但大部分的客戶通常會採購 Intel 處理器，其實只要確保 Hyper-V 運作環境中不要將 2 種 CPU 處理器混合使用即可。

在記憶體方面，你已經知道不需要針對分頁檔案進行任何組態配置。同時，在 Hyper-V 虛擬化平台中，已經自動配置好記憶體資源的使用方式，因此你可以專注在 VM 虛擬主機的虛擬記憶體需求配置即可。

請不要再使用實體伺服器中傳統的 PCI 插槽了，你應該確保安裝在實體伺服器中的 10 GbE 網路卡，安裝於 PCIe 3.0 x8 或更高規格的插槽，以避免傳輸瓶頸發生在伺服器 PCI 插槽。

如果，你的實體伺服器上具有足夠的 PCIe 插槽，那麼你應該使用**多張單埠**的網路卡，而非使用**單張多埠**的網路卡，這樣的硬體組態配置不但能增加容錯性，更能得到最佳運作效能。

網路裝置效能調校選項

為 Hyper-V 主機選擇正確的硬體，能夠有效提升整體運作效能。在 Hyper-V 主機中網路功能的部分，你已經知道可以採用 SMB Direct（RDMA）硬體卸載機制，但除此之外還有許多其它的硬體卸載功能。

RSS

「**接收端縮放比例**」（**Receive Side Scaling，RSS**）功能，為網路卡驅動程式層級的技術，它可以將網路封包分配給多個 CPU 運算核心進行運算。基本上，當你未採用 RSS 硬體卸載機制時，在 Hyper-V 主機上所有的網路封包處理請求，都僅會被傳遞到第 1 顆 CPU 運算核心進行處理，即使主機擁有 4 顆 CPU 處理器且每顆處理器有 12 個運算核心，都僅僅只有第 1 顆 CPU 運算核心會收到網路封包處理請求，所以在未啟用 RSS 硬體卸載機制時，倘若網路頻寬超過 **4 Gb/s** 時就可能發生傳輸瓶頸。因此，請確保你所採購的實體網路卡，支援 RSS 硬體卸載機制並且安裝適當的驅動程式後，那麼所有的網路封包處理請求，就能有效分配給多個 CPU 運算核心進行處理。

但是 RSS 機制僅用於 Hyper-V 實體主機上，而非其上運作的 VM 虛擬主機。因此，在 Windows Server 2012 R2 版本中，提供「**動態虛擬機器佇列**」（**Dynamic Virtual Machine Queue，D-VMQ**）功能，讓 VM 虛擬主機也能使用 RSS 機制。

請執行下列 PowerShell 指令，檢查實體網路卡是否已經啟用 D-VMQ 功能：

```
Get-NetAdapterVmq –Name NICName
```

在 VM 虛擬主機中，執行下列指令啟用 vRSS 功能：

```
Enable-NetAdapterRSS –Name NICName
```

值得注意的是，當 VM 虛擬主機採用 vRSS 特色功能後，將無法與某些網路特色功能協同運作，例如，SR-IOV。因此，你應該要選擇最適合你運作環境的方式。此外，要讓 VM 虛擬主機能夠使用 vRSS 特色功能的話，必須要在 Hyper-V 主機上啟用 D-VMQ 機制，但是當 Hyper-V 主機啟用 D-VMQ 機制之後，便無法在實體網路卡上使用 RSS 機制。

這就是為何我建議你必須採用 SMB Direct（RDMA）功能。因為，當我們在 Hyper-V 主機為網路卡小組啟用 D-VMQ 功能後，雖然 VM 虛擬主機便可以使用 vRSS 功能，但是 Hyper-V 主機卻失去 RSS 功能，所以在 Hyper-V 主機上沈重網路工作負載（即時遷移流量及 SMB 流量）的部分，便採用 SMB Direct（RDMA）來進行處理。

如下圖所示為 Hyper-V 主機上運作的 VM 虛擬主機，是否啟用 vRSS 機制：

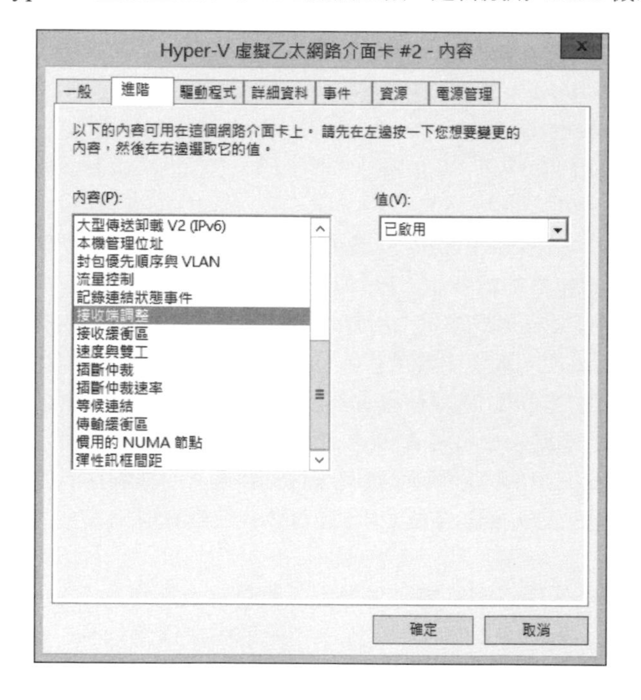

SR-IOV

「**單一根目錄 I/O 虛擬化**」（**Single Root IO Virtualization，SR-IOV**）功能，允許將一個 PCIe 裝置，例如，網路卡，同時對應給多台 VM 虛擬主機，你可以把它看成是 PCIe 裝置的虛擬化技術。首先，Hyper-V 主機系統（BIOS / UEFI）必須支援，同時採用的實體裝置（網路卡）也必須支援才行。SR-IOV 裝置虛擬化技術，能夠提供比 VMQ 更多的效能，因為它採用「**直接記憶體存取**」（**Direct Memory Access，DMA**）運作機制，讓 VM 虛擬主機及實體網路卡之間可以直接通訊，而不需要像傳統 Hyper-V 主機上的 VM 虛擬主機，必須先經過 Hyper-V 主機的虛擬網路交換器，最後才接觸到實體網路卡進而與實體網路環境溝通。因此，當 Hyper-V 主機採用 SR-IOV 裝置虛擬化技術時，將能夠提供極低的網路延遲效能。但是，這也表示當你建立網路卡小組時，將無法啟用 SR-IOV 裝置虛擬化技術，同時 VM 虛擬主機因為無須經過 vSwitch 虛擬網路交換器，所以若需要進行 QoS 網路頻寬管控時，因為使用 SR-IOV 機制的 VM 虛擬主機無須經過虛擬網路交換器，因此便無法受到 QoS 網路頻寬管理機制所管控。但是，啟用 SR-IOV 裝置虛擬化技術的 VM 虛擬主機，可以執行線上即時遷移並不會受到任何影響。

在我的顧問經驗中，當 VM 虛擬主機需要高網路頻寬（例如，VoIP 通訊），以及極低的網路延遲時間時便適合採用 SR-IOV 技術，因為沒有 SR-IOV 技術的傳統網路堆疊架構，並無法提供 VM 虛擬主機足夠的網路效能。但是，因為啟用 SR-IOV 技術的 VM 虛擬主機，將會降低可管理性因此並不適合預設使用。

關於 SR-IOV 的詳細運作資訊，請參考 TechNet John Howard 的部落格文章《Everything you wanted to know about SR-IOV in Hyper-V. Part 1》（`http://bit.ly/1uvyagL`）。如下圖所示，為 VM 虛擬主機未啟用 SR-IOV 技術，以及啟用 SR-IOV 技術後的運作示意圖：

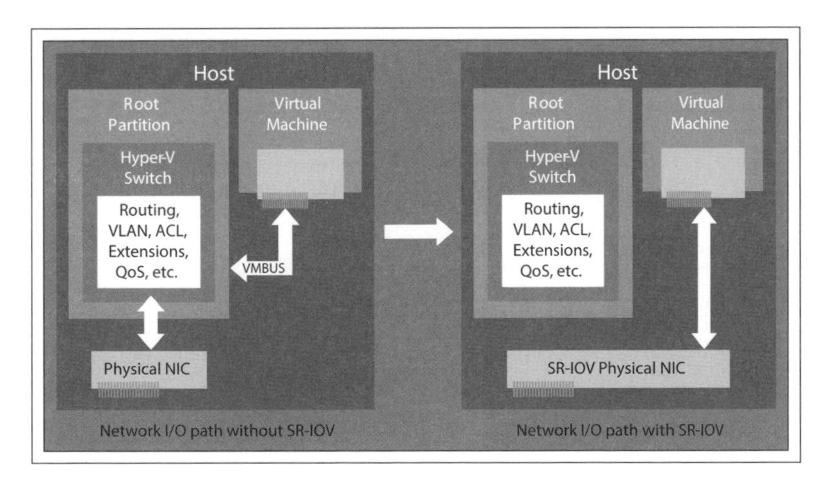

其它硬體卸載功能

當 Hyper-V 主機，採用支援硬體卸載「**總和檢查碼**」（**Checksum**）的網路卡時，透過該硬體卸載功能處理 TCP / UDP 及 IPv4 / IPv6 網路封包，可以幫助 Hyper-V 主機提升整體運作效能。

當企業或組織運作環境中，需要為網路流量採用 **IPSec** 加密技術時，那麼應該使用具有 IPSec 硬體卸載功能的網路卡，否則你將會看到 Hyper-V 主機上的 CPU 處理器，花費 **20 ~ 30 %** 的運算效能用於處理網路封包加密解密程序上。

另一個提升網路流量的功能為「**Jumbo Frames**」，但是要讓 Jumbo Frames 能夠正確運作，必須滿足端點到端點間正確的組態配置。首先，在 Hyper-V 主機上的實體網路卡，必須要組態配置 Jumbo Frames 設定值，對於大部分 Intel 網路卡來說 MTU 建議值為 **9,014 Bytes**，同時 VM 虛擬主機當中的 Guest OS 虛擬網路卡，也必須要組態配置 Jumbo Frames 設定值，最後實體網路交換器也必須啟用 Jumbo Frames 功能。當所有組態配置都設定完畢後，便可以使用下列指令送出巨大網路封包：

```
ping -f -l 8500 192.168.1.10
```

在 Hyper-V 運作環境中，倘若能達成端點到端點間的組態設定，那麼建議開啟 Jumbo Frames 機制，同時 Jumbo Frames 也能與大部分的網路功能，例如，RSS 相容。此外，針對 Jumbo Frames 的最佳建議作法是，當你的儲存資源為 **iSCSI** 時強烈建議一定要啟用 Jumbo Frames 機制。

此外，還有其它硬體卸載功能，例如，「**接收區段聯合**」（**Receive-Segment Coalescing，RSC**），可以減少 IP 標頭（IP Header）的數量。但是，這樣的功能並不會為 Hyper-V 主機及 VM 虛擬主機，帶來明顯的運作效能優勢因此我們不會進一步說明此功能。

有關 Hyper-V 主機網路效能及其它進階功能的詳細說明，請參考《Windows Server Performance Tuning Guidelines》文件（`http://bit.ly/1rNpTkR`）。

Hyper-V 主機是否應該啟用 IPv6

另一個常見的問題是，在 Hyper-V 主機上是否應該啟用 IPv6。在預設情況下，當安裝好 Windows Server 2012 R2 之後，便已經啟用 IPv6 網路堆疊功能，雖然 Windows 已經完成 IPv6 的開發及測試作業，但是我建議你**停用 IPv6** 網路堆疊功能。

你可以分別針對 Hyper-V 主機及 VM 虛擬主機，停用 IPv6 網路堆疊功能的動作。請執行下列 PowerShell 指令，將停用 IPv6 網路堆疊功能寫入至登錄機碼當中：

```
New-ItemProperty "HKLM:\SYSTEM\CurrentControlSet\Services\Tcpip6\
Parameters\" -Name "DisabledComponents" -Value 0xffffffff -PropertyType
"DWord"
```

當上述指令執行後，請將主機重新啟動以套用生效。請注意，不要使用上述以外的方式停用 IPv6 網路堆疊功能，我見過許多人是採用取消勾選網路卡內容中 IPv6 項目，來達到停用 IPv6 網路堆疊功能的目的，但錯誤的停用方法將會造成許多不可預期的錯誤。

值得注意的是，我曾經有過的經驗是有客戶停用 IPv6 網路堆疊功能後，造成其它角色如 Windows Server RRAS 有相容性問題，但是我還沒看過有客戶因停用 IPv6 網路堆疊功能後，導致 Hyper-V 角色發生任何問題。然而，微軟仍不建議你停用 IPv6 網路堆疊功能。

儲存資源效能調校選項

在前面的章節當中，你已經了解並熟悉 Hyper-V 所支援的儲存功能。現在，讓我們專注於儲存資源的效能調校部分，你已經知道動態虛擬磁碟格式所具備的靈活性，特別是與自動精簡佈建功能互相結合，在 Hyper-V 虛擬化平台中支援軟體式及硬體式功能，它讓 Hyper-V 虛擬化平台能夠正確感知到資料已經被刪除，也就是讓儲存系統知道先前所佔用的資料區塊，目前已經可以被釋放並且再次寫入新的資料。預設情況下，啟用 Hyper-V 角色的 Windows Server 作業系統，不需要進行任何的組態配置作業，便已經支援 `Trim` 及 `Unmap` 特色功能，但是你必須要確認所使用的儲存資源，能夠微調 `Trim` 及 `Unmap` 功能以便最大化儲存效率。目前，在硬碟控制器的部分，只有 IDE、SCSI、虛擬光纖通道能夠支援 `Unmap` 指令，讓 VM 虛擬主機能夠到達虛擬儲存堆疊層，在虛擬磁碟的格式部分只有 VHDX 支援 `Unmap` 指令。值得注意的是，如果你使用的是第一世代的 VM 虛擬主機格式，那麼你必須確保 IDE 控制器安裝作業系統，至於其它磁碟如資料及應用程式的部分，則應該採用 SCSI 硬碟控制器。

此外，在 Hyper-V 主機上也結合許多 Windows Server 特色功能，例如，重複資料刪除機制……等。因此，為了確保這些儲存空間優化機制能夠順利運作，請確保所有磁碟的儲存空間包括 CSV 叢集共用磁碟區，可用的儲存空間至少要保持 **10 %** 以上。

ODX 卸載資料傳輸

「**卸載資料傳輸**」（**Offloaded Data Transfer，ODX**）功能，為加速資料傳輸的一種硬體卸載機制。當你使用支援 ODX 特色功能的儲存設備時，在 Hyper-V 主機準備複製資料之前，會先檢查在儲存堆疊架構中是否有相關資料後才進行複製的動作。當複製資料的來源端及目的端在同一台儲存設備時，它會透過在儲存設備中複製「**權杖**」（**Token**）的方式，快速建立新的資料區塊並指向連結即可，而無須將重複的資料再複製一次。

ODX 支援 Hyper-V 主機上儲存堆疊的各項操作，例如，維護 VHD / VHDX 虛擬磁碟、刪除快照後合併磁碟資料……等：

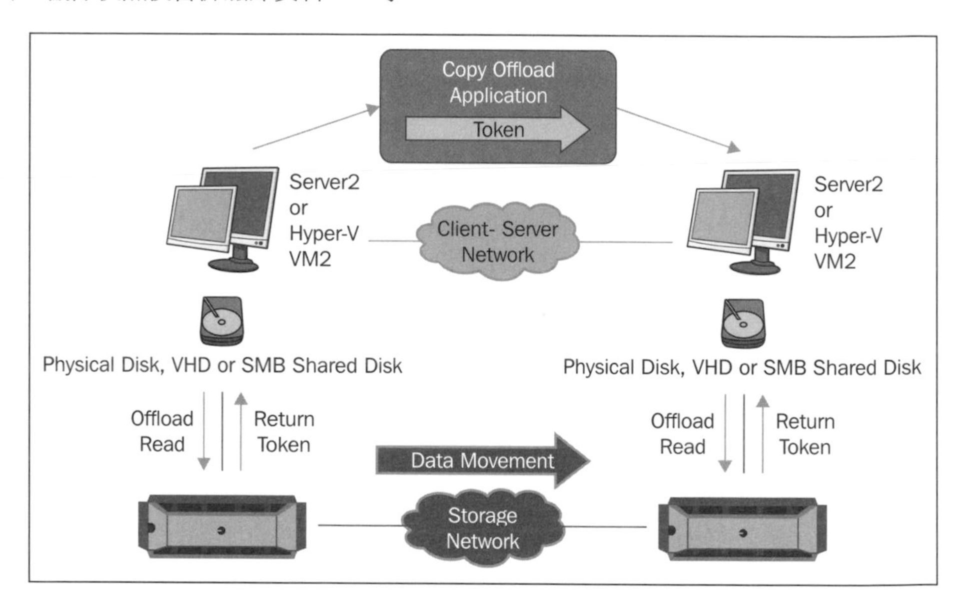

ODX 機制預設便已經啟用，但是僅支援採用 SCSI 硬碟控制器的 VM 虛擬主機，不支援傳統的 IDE 硬碟控制器。如果，你的儲存設備並不支援 ODX 卸載資料傳輸機制的話，那麼你應該執行下列 PowerShell 指令，在 Windows Server 2012 R2 登錄機碼中停用該功能：

```
Set-ItemProperty HKLM:\SYSTEM\CurrentControlSet\Control\FileSystem -Name
"FilterSupportedFeaturesMode" -Value 1
```

然後，重新啟動主機以便套用生效。

如果，運作環境中的儲存設備支援 ODX 卸載資料傳輸機制，那麼請確保在上線前已經進行過相關測試作業。

關機效能調校選項

在本小節當中，我們來談談在 Hyper-V 主機內，針對 VM 虛擬主機運作效能調校的額外選項。

組態設定關機逾時

在 Hyper-V 容錯移轉叢集運作環境中，倘若你向叢集節點主機發送關機命令後，那麼該節點主機將會開始把其上運作的 VM 虛擬主機，執行線上即時遷移的動作遷移至別台節點主機。如果，你向獨立的 Hyper-V 主機發送關機命令後，它會嘗試關閉所有其上運作的 VM 虛擬主機。但是，有可能叢集節點主機正在重新啟動中，或者是 VM 虛擬主機正在執行關機的動作。此時，我們可以透過修改登錄機碼的設定值，組態配置 Hyper-V 主機的關機時間：

1. 開啟登錄編輯程式。
2. 切換至 `HKLM\Cluster\` 路徑。
3. 將 `ShutdownTimeoutInMinutes` 項目參數值，調整至你所希望的關機時間。
4. 重新啟動主機以便套用生效。

調整後，應進行相關測試以便驗證是否適合你的運作環境。正常情況下，我所設定的關機時間不會超過 **10 分鐘**。

Hyper-V 效能測試

你應該使用 MAP 及 SCOM 效能收集分析工具，持續監控 Hyper-V 主機的運作效能，並且依照運作環境的工作負載情況，建立 Hyper-V 的效能基準線，以便隨時驗證服務或應用程式的運作效能，是否維持正常的工作負載。

使用哪一種效能測試的基準線，取決於你運作環境中的工作負載情況，強烈建議針對資料庫及應用程式建立效能測試基準線，例如，針對 SAP 建立標準的效能測試基準線。如果，你是使用 SAP 的企業或組織，那麼你可以參考 MSDN 部落格文章《SAP Hyper-V benchmark Released》（`http://bit.ly/1nMVSQw`），了解在 Hyper-V 運作環境中針對 SAP 建立效能測試基準線。

如果，在你的運作環境中不使用 SAP 或其它 ERP 系統的話，那麼你可以使用其它方式建立效能測試基準線。強烈建議你使用 PassMark Performance Test 工具（`http://bit.ly/UFd2Ff`），它有 30 天試用期可以幫助你建立運作環境的效能測試基準線。

我也常常使用 SQLIO（`http://bit.ly/1obVdIV`）工具，測試儲存資源的 IOPS 效能。

如果，你希望針對 VDI 虛擬桌面環境進行效能測試時，你可以考慮使用 **Login VSI**（`http://bit.ly/1pt2roe`）測試工具，建立效能測試基準線。

在建立效能測試基準線及進行效能測試的過程中，便能夠驗證 Hyper-V 主機及 Hyper-V 虛擬化平台，相關的組態設定是否正確及基礎架構是否穩固。

Hyper-V 上的 VDI 虛擬桌面

在大部分時間中，你所看到的 Hyper-V 虛擬化平台資訊，可能關於伺服器虛擬化等相關資訊。事實上，在 Hyper-V 虛擬化平台中，也可以運作 VDI 虛擬桌面環境，但是可能因為還需要額外軟體授權的關係，所以不常看到 Hyper-V 整合 VDI 虛擬桌面環境的相關資訊。因此，在本小節當中，我們將會深入討論在 Hyper-V 虛擬化平台上，如何建構及運作 VDI 虛擬桌面，以及如何針對客戶端作業系統進行最佳化效能調校。

首先，你必須清楚知道部署 VDI 虛擬桌面運作環境，在大多數情況下比起部署遠端桌面工作階段（終端機服務），整體的建置費用將更為昂貴。但是，可以提供一個更標準化的運作架構及管理中心。

你可以直接在 Windows Server 2012 R2 主機上，透過**新增角色及功能**精靈部署 VDI 虛擬桌面環境。當然，你也可以執行下列 PowerShell 指令，來部署 VDI 虛擬桌面環境：

```
New-RDVirtualDesktopDeployment -ConnectionBroker EYVDI01.elanity.de
-WebAccessServer EYVDI02.elanity.de -VirtualizationHost EYVDI03.elanity.de
```

同樣的，在微軟的 TechNet 組件庫網站中，已經有人撰寫好 PowerShell 指令碼，達成自動化部署 VDI 虛擬桌面運作環境。在 TechNet 組件庫網站中，你可以發現由 Victor Arzate 所撰寫的《**Virtual Desktop Infrastructure Starter Kit（VDI SK）**》（`http://bit.ly/1pkILFP`）。

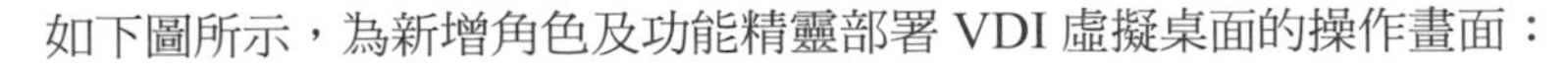
如下圖所示，為新增角色及功能精靈部署 VDI 虛擬桌面的操作畫面：

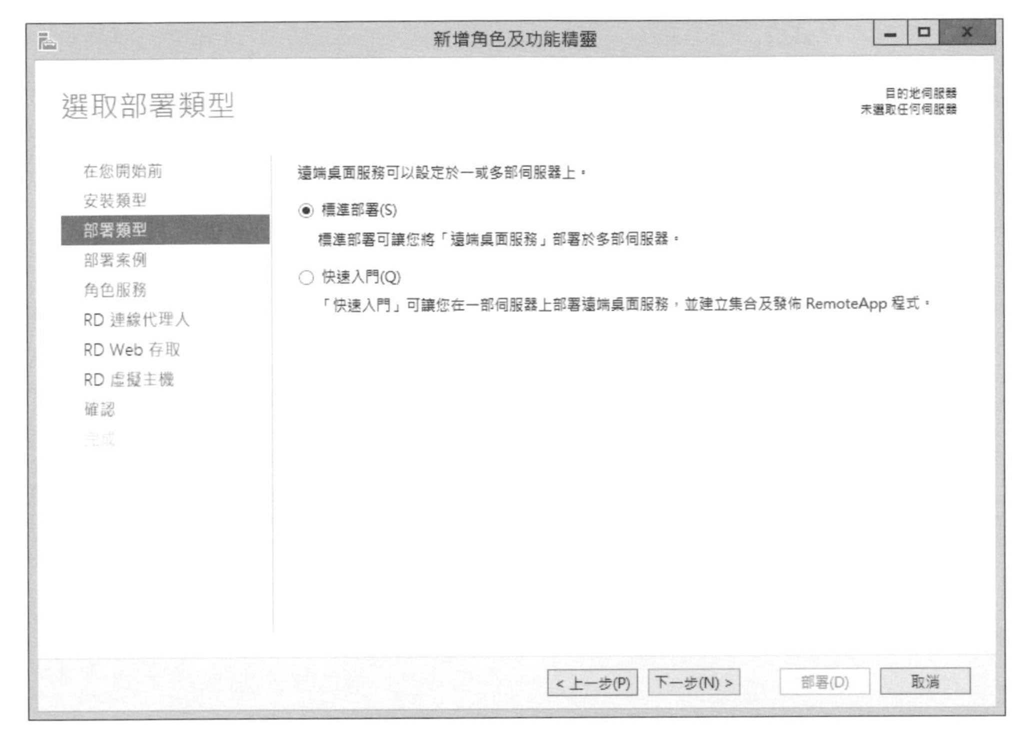

當你選擇「**快速入門**」選項後，那麼系統將會把所有部署 VDI 運作環境的角色，全部安裝在 **1 台**主機當中，除了小型測試環境之外，其它運作環境皆不適合採用此選項。在 VDI 虛擬桌面運作環境中，應該採用 VM 虛擬主機模式的運作架構，以便屆時在 Hyper-V 主機上運作 VDI 虛擬桌面工作負載：

- **遠端桌面連線代理人：** 簡稱為 RD 連線代理人（RD Connection Broker），讓使用者連線要求能夠自動進行負載平衡作業，平均分散使用者連線請求至 RD 工作階段主機或 VDI 虛擬桌面。
- **遠端桌面 Web 存取：** 簡稱為 RD Web 存取（RD Web Access），讓使用者只要透過瀏覽器便能存取 VDI 虛擬桌面。
- **遠端桌面工作階段主機：** 簡稱為 RD 工作階段主機（RD Session Host），負責讓伺服器主機能夠控制 RemoteApp 程式及工作階段。使用者可以透過連線至提供集中工作階段的 RD 工作階段伺服器，以便在這些伺服器上執行應用程式、儲存檔案及使用相關資源。

只要透過伺服器管理員或 PowerShell 指令，在部署過程中鍵入伺服器主機名稱，系統便會自動進行相關的組態配置作業，完全無須進行任何的手動配置作業。

如果，你已經準備好 Hyper-V 虛擬化平台運作環境，那麼便可以開始建立 VDI 虛擬桌面範本。請在 Hyper-V 虛擬化平台中，建立全新的 VM 虛擬主機並安裝所需的客戶端作業系統（強烈建議採用 Windows 8.1 或 Windows 10，因為已針對 VDI 環境提供許多功能），建立 VDI 虛擬桌面範本的「**黃金映象檔**」（**Golden Image**）。

當你組態設定好客戶端作業系統後（例如，Windows 8.1），最後便可以執行 `Sysprep` 指令，同時搭配 OOBE、Generalize、關機等參數選項：

```
C:\Windows\System32\Sysprep\Sysprep.exe /OOBE /Generalize /Shutdown
/Mode:VM
```

上述 `Sysprep` 指令中搭配的 `/Mode:VM` 參數，除了讓整體 Sysprep 動作加快之外，同時讓客戶端作業系統知道之後將會運作於虛擬化環境，因此可以減少許多硬體裝置的辨識流程。

複製 VDI 虛擬桌面範本，並且在稍後的指令碼內容中指定存放路徑。

請執行下列 PowerShell 指令，建立新的 VDI 虛擬桌面集區：

```
New-RDVirtualDesktopCollection -CollectionName demoPool -PooledManaged
-VirtualDesktopTemplateName Win81Gold.vhdx
-VirtualDesktopTemplateHostServer EYVDI01
-VirtualDesktopAllocation @{$Servername = 1}
-StorageType LocalStorage
-ConnectionBroker EYVDI02
-VirtualDesktopNamePrefix msVDI
```

VDI 軟體授權提示

不管在哪個虛擬化平台上運作 VDI 虛擬桌面環境，都必須要購買 VDI（VDA 軟體授權）。雖然，你已經為 Hyper-V 主機購買 Windows Server Datacenter 版本，但是它所具備的軟體授權僅適用於 Windows Server 作業系統，而非客戶端作業系統，因此必須購買 VDA 軟體授權才能合法運作 VDI 虛擬桌面環境。

你可以在 ProjectVRC 網站中（`http://bit.ly/1nwr9aK`），下載有關 VDI 虛擬桌面運作環境的相關白皮書，包括客戶端作業系統的最佳作法、防毒軟體在 VDI 虛擬桌面中的影響、VDI 虛擬桌面環境中的 Microsoft Office……等。

使用 RemoteFX

目前，微軟的「**遠端桌面通訊協定**」（**Remote Desktop Protocol，RDP**），最新版本為 **10.0** 並提供許多進階功能包括 RemoteFX。事實上，RDP 10.0 可以支援許多平台，例如，Windows 7、Windows 8、Windows 8.1、Windows 10、Windows RT、Windows Phone、Android 以及 Apple iOS。

RemoteFX 透過 RDP 通訊協定，即使未額外安裝顯示卡也能提供許多進階功能。預設情況下，RemoteFX 功能已經啟用並支援許多特色功能，例如，多點觸控、廣域網路最佳化、H.264/AVC……等。此外，新版的 RDP 客戶端版本也支援相關功能，例如，網路環境自動檢測、RDP over UDP……等。

預設情況下，RemoteFX 便以最佳化的方式載入各種多媒體內容，首先會載入文字內容接著載入圖片內容，最後才會載入影片及橫幅廣告內容……等。透過多媒體最佳化載入方式，不僅讓 RDP 通訊協定擁有更好的傳輸效能，同時使用者端的操作體驗也會跟著提升。

你可以透過 GPO 群組原則組態設定 RemoteFX 特色功能：

1. 開啟群組原則管理編輯器後，依序點選「**電腦設定 > 原則 > 系統管理範本 > Windows 元件 > 遠端桌面服務 > 遠端桌面工作階段主機 > 遠端工作階段環境**」項目。
2. 編輯「**設定 RemoteFX Adaptive Graphics 的影像品質**」項目內容。
3. 你可以將影像品質調整為「**高**」或「**不失真**」，以得到最好的影像品質。但是，此舉將會造成使用者端需要消耗更多的網路頻寬。
4. 編輯「**設定 RemoteFX 彈性圖形**」項目內容。
5. 在 RDP 效果下拉式選單中，調整為「**最佳化伺服器延展性**」項目。
6. 編輯「**設定壓縮 RemoteFX 資料**」項目。
7. 在 RDP 壓縮演算法下拉式選單中，共有 4 個選項可供選擇分別是「**最佳化以使用較少的記憶體**」（但會耗用更多網路頻寬）、「**最佳化以使用較少的網路頻寬**」（但會耗用更多記憶體資源）、「**平衡記憶體與網路頻寬**」、「**不使用 RDP 壓縮演算法**」。強烈建議採用最後一個項目，也就是選擇「**不使用 RDP 壓縮演算法**」項目。

8. 編輯「**設定色彩深度最大值**」項目。
9. 在色彩深度下拉式選單中，強烈建議採用「**32 位元**」項目，它可以為 RDP 遠端桌面服務連線提供最佳效能及解析度。
10. 重新啟動伺服器以便套用生效。

上述所設定的 GPO 群組原則，必須與 RDS 虛擬化主機連結，而非與 VDI 虛擬桌面或 RDSH VM 虛擬主機連結。

雖然，還有其它可用的 GPO 群組原則，不過大部分的 GPO 群組原則都保持預設值即可。

另外一種加快 RDP 運作效能的方式，便是在實體伺服器當中配置高階的 GPU 顯示卡。在以前，可能只有遊戲 PC 主機或 CAD 工作站，才會需要配置高階的 GPU 顯示卡，現在可以透過在伺服器上安裝高階 GPU 顯示卡，進而提供給 VDI 虛擬桌面及 RDSH VM 虛擬主機使用。值得注意的是，目前僅支援採用第一世代 VM 虛擬主機格式。

首先，請確保 Hyper-V 主機能夠安裝高階 GPU 顯示卡，同時請確認你所配置的高階 GPU 顯示卡，是在 Windows Server 的 RemoteFX GPU 支援清單中，以便透過 GPO 群組原則讓 VDI 虛擬桌面及 RDSH VM 虛擬主機，能夠順利支援 DirectX 11.0 或更高版本，或採用 WDDM 1.2 驅動程式或更高版本。典型的 GPU 應用方式只能提供有限的運作效能，但是當高階 GPU 顯示卡結合 RemoteFX 技術後，能夠在眾多 VM 虛擬主機之間共享 GPU 效能，幫助你整合應用並完全發揮多媒體效能，不但能夠在 VDI 虛擬桌面及 RDSH VM 虛擬主機運作環境中，快速瀏覽網頁及編輯 Office 文件，甚至可以觀看高解析度影片及編輯 CAD 模型。在我的顧問經驗中，採用 NVIDIA 的高階 GPU 顯示卡在效能及相容性等各方面都表現良好。

請執行下列 PowerShell 指令，為 VM 虛擬主機新增虛擬 GPU 顯示卡：

```
Add-VMRemoteFx3dVideoAdapter -VMName EyVM01
```

請執行下列 PowerShell 指令，為 VM 虛擬主機指定最大解析度：

```
SET-VMRemoteFx3dVideoAdapter -VMName EyVM01 -MaximumResolution 1920x1200
```

針對採用 RemoteFX 技術的 VDI 虛擬桌面，當客戶端作業系統採用 Windows 8.1 時，最佳建議作法是至少配置 2 顆 vCPU 運算核心及 **4 GB** 虛擬記憶體空間，倘若是在非 RemoteFX 的 vGPU 運作環境中，則至少應配置 **2 GB** 虛擬記憶體空間。值得注意的是，在你的運作環境中若採用差異磁碟的方式，部署 VDI 虛擬桌面運作環境的話，那麼屆時 VMM 管理平台將無法整合**差異磁碟**，也就是無法有效管理 VDI 虛擬桌面運作環境。比較建議的方式是，採用**動態磁碟**並整合**重複資料刪除機制**，達到 VDI 虛擬桌面運作環境的儲存空間節省目的，這部分的最佳作法，相信你在《第 4 章： Storage 效能規劃最佳作法》已經學習到了。

除了上述注意事項外，對於 Hyper-V 虛擬化平台來說，VDI 虛擬桌面也只是眾多 VM 虛擬主機的其中一種而已。

結語

閱讀至此，相信你已經熟悉如何最佳化效能調校你的 Hyper-V 運作環境，你不必再擔心線上營運環境的規劃設計及組態設定是否正確。同時，對於在 Hyper-V 虛擬化運作環境中，儲存資源及網路環境的整體協同運作，你也已經了解如何進行最佳化效能調校及組態配置。

那麼，讓我們邁入《第 7 章： 透過 System Center 進行管理》，了解更多管理 Hyper-V 主機的相關機制，例如，以 **System Center** 管理 VM 虛擬主機、整體運作架構……等。同時，也將了解更多關於部署、監控、備份及 Hyper-V 的自動化作業。

7

透過 System Center 進行管理

每一座資料中心及雲端基礎架構，都需要一個高效能的管理解決方案。微軟提供一個非常棒的管理解決方案 System Center，它能夠幫助你達成自動化並有效監控你的資料中心及基礎架構。

透過 Virtual Machine Manager 管理機制，你可以整合各項硬體資源，例如，儲存、網路、運算……等，並透過單一的操作介面管理它們。

Thomas Maurer - MVP Hyper-V

現在，你已經為 Hyper-V 虛擬化平台，進行最佳化效能調校及組態設定，並且擴大 Hyper-V 虛擬化平台的運作規模。在本章節當中，將說明如何透過 System Center 管理解決方案，有效幫助你管理日益擴大的 Hyper-V 虛擬化平台運作規模。

在本章中我們將討論下列技術議題：

- 透過 System Center Virtual Machine Manager 進行管理及部署作業：
  - ✧ 服務範本。
  - ✧ 基礎架構管理。
- 透過 System Center Operations Manager 進行監控。
- 透過 System Center Data Protection Manager 進行備份。
- 透過 System Center 達成自動化機制。

Microsoft System Center

Microsoft System Center 2012 R2，為微軟 Windows Server 及其它運作元件，以及實體伺服器和軟體產品所設計的進階管理解決方案。事實上，System Center 產品從 1994 年發佈至今並且不斷的發展，它可以有效幫助企業或組織的每項 IT 建置階段，例如，從基礎架構規劃、備份、自動化……等。現在，除了以往針對用戶端及伺服器端的基礎架構提供管理功能外，它還提供建構及管理整個雲端運算環境的能力。在 Microsoft Azure 公有雲的資料中心內，微軟便是以 System Center 進行管理及維運作業。因此，透過 System Center 管理解決方案，除了提供一致性且標準化的管理工具外，也提供雲端運算環境的系統管理維運經驗，你現在可以決定讓企業或組織的線上營運工作負載，運作在內部資料中心內或公有雲環境中。

System Center 並非為 Hyper-V 虛擬化平台增加新功能，而是從大型運作規模的管理層面切入，確保線上營運的整體流程能夠達到精簡化。System Center 管理解決方案的軟體授權，與 Windows Server 一樣具有 Standard 及 Datacenter 版本。在 System Center 管理解決方案中，每個運作角色都提供不同的管理功能，同時將多個運作角色整合在一起並協同運作後，能夠為企業或組織帶來更多效益：

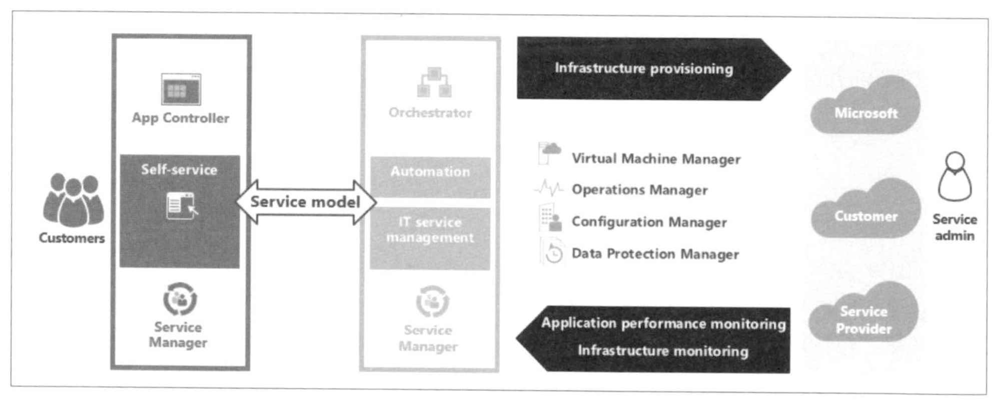

System Center 功能簡介

你是否需要 System Center 管理解決方案？ 這問題並沒有正確或錯誤的答案，相信每位 IT 顧問針對此問題的最終答案，應該是「取決於你的需求」。

在我的顧問經驗中，當虛擬化運作規模為 3 台 Hyper-V 主機及 15 台 VM 虛擬主機以內時，即使沒有建構 System Center 管理解決方案，IT 管理人員仍然能夠管理這樣的虛擬化運作環境。但是，當企業或組織的虛擬化環境超過這樣的運作規模時，就應該要採用 System Center 管理解決方案，除了方便 IT 管理人員進行維運作業之外，更能夠節省線上營運環境的 IT 維運成本。那麼，我們來看看 System Center 管理解決方案中，一共包含哪些重要角色及運作元件。

System Center Virtual Machine Manager

SCVMM（System Center Virtual Machine Manager），並非是另一個 Hyper-V 虛擬化平台的 Hypervisor，它主要負責管理 Hyper-V 虛擬化平台運作環境。此外，VMM 不只能夠管理 Hyper-V 虛擬化環境，同時也能管理 vCenter 所納管的 VMware vSphere，以及 Citrix XenServer 虛擬化環境。

你可以透過 VMM 強大的管理功能，自行建立具備基本組態配置的 VM 虛擬主機範本，達到 VM 虛擬主機快速部署的目的。同時，VMM 還具備預先定義範本的方式稱為「**服務範本**」（**Service Templates**），在服務範本當中並非僅是單純的 VM 虛擬主機而已，它能夠整合多種應用程式或服務，例如，SQL 資料庫、前端網站流量負載平衡……等。因此，你只需要定義多種服務範本，然後針對線上營運環境的工作負載情況，進行 VM 虛擬主機運作規模的擴充或縮減即可。此外，你也可以在 **TechNet 組件庫網站**中（`http://bit.ly/VYK8jh`），直接下載許多現成的服務範本。如下圖所示，便是 Exchange Server 2013 的服務範本：

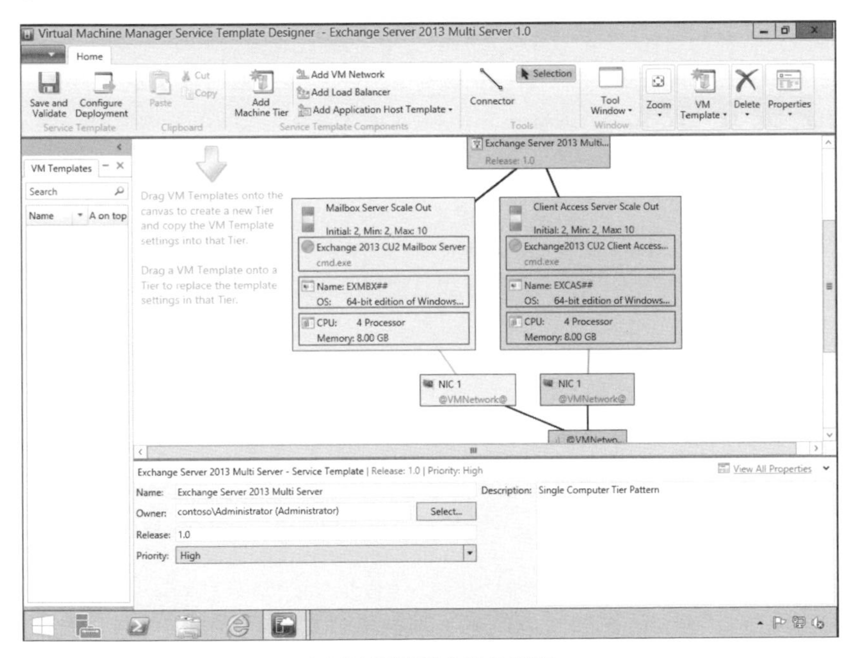

VMM 服務範本操作畫面

安裝 SCVMM 運作環境後，請依照下列操作步驟進行基本的組態配置作業：

1. 在 SCVMM 管理介面中，將 SCVMM 代理程式安裝至 Hyper-V 主機中。接著，透過 SCVMM 管理介面加入 Hyper-V 主機後，便可以針對 Hyper-V 主機及其上運作的 VM 虛擬主機進行管理作業。有關安裝 SCVMM 運作環境，以及安裝 SCVMM 代理程式的詳細資訊，請參考 TechNet – Kevin Holman System Center 部落格文章 `http://bit.ly/1wXMBLR`。
2. 在 SCVMM 管理介面中，以企業或組織的命名規則或有意義的名稱，或者以實體主機所處區域及資源，建立「**雲端**」（**Cloud**）及「**主機群組**」（**Host Groups**）邏輯物件，以便後續進行更精細的管理動作。詳細資訊請參考 TechNet 文件庫《在 VMM 中建立主機群組》`http://bit.ly/21q5N0e`。
3. 建立 VMM 程式庫，在 SCVMM 運作環境中 VMM 程式庫擔任資源目錄的任務，也就是儲存各種檔案資源，例如，VM 虛擬主機、VHD/VHDX 虛擬磁碟、ISO 映像檔、指令碼、服務範本……等，這些資源也將記錄於 SCVMM 資料庫內。詳細資訊請參考 TechNet 文件庫《設定 VMM 程式庫總覽》`http://bit.ly/21q5Vg5`。
4. 組態設定 VMM 網路資源，透過 VMM 管理功能在虛擬化運作環境中，提供高效能的網路資源及管理機制。詳細資訊請參考 TechNet 文件庫《在 VMM 中設定網路功能》`http://bit.ly/1OaGrMl`。
5. 組態設定 VMM 儲存資源，透過 VMM 管理功能在虛擬化運作環境中，提供高效能的儲存資源及管理機制。詳細資訊請參考 TechNet 文件庫《在 VMM 中設定存放裝置》`http://bit.ly/1rqTPHm`。

管理 Cloud

在 VMM 服務範本中可以包含儲存資源？ 當然可以，因為 **VMM**（**Virtual Machine Manager**）是架構完整的管理解決方案，並且提供不同層次的管理機制：

- 針對**實體伺服器**的部分，提供下列管理解決方案：
  - ✧ VMM 可以連接至實體伺服器的 BMC 控制器，並透過 IPMI 機制啟動實體伺服器，然後根據需求進行組態配置後進行 Hyper-V 裸機安裝、建立容錯移轉叢集或是 Windows 檔案伺服器……等。
- 針對**儲存資源**的部分，提供下列管理解決方案：
  - ✧ 透過 VMM 連接及管理 SAN、SOFS 叢集檔案伺服器、iSCSI 目標……等。然後，在部署及建構的工作流程中，VMM 可以自動擴充磁碟空間或建立新的磁碟空間。同時，也能透過 VMM 將儲存節點加入至新的叢集節點主機中，或從叢集節點主機中進行儲存資源卸載的動作。

✧ 透過 VMM 儲存資源管理機制，你可以將儲存資源根據運作效能，定義為金級、銀級、銅級……等不同等級的儲存資源，然後根據實體伺服器的工作負載給予不同等級的儲存資源，例如，針對研發 / 測試的伺服器只要給予銅級的儲存資源即可。此外，針對企業等級的 iSCSI 儲存設備，你必須在 VMM 管理控制台當中，進行正確的組態設定作業以便後續能夠完全掌控儲存資源。

- 針對**網路資源**的部分，提供下列管理解決方案：
  ✧ 透過 VMM 強大的網路資源管理機制，你可以將現有的實體網路架構，抽象化成邏輯層級運作的 Hyper-V 網路虛擬化功能，同時建立 VM 虛擬主機專用的虛擬網路環境，並結合「**IP 位址管理**」（**IP Address Management，IPAM**）機制，自動分配靜態的 IP 位址給 VM 虛擬主機。
  ✧ 你可以管理現有的硬體式負載平衡設備，例如，F5。或者，透過 Windows NLB 負載平衡機制，提供軟體式的負載平衡功能。

VMM 針對**基礎架構**提供許多管理功能：

- 建立 Cloud 之後，可以透過權限委派存取不同的 VM 虛擬主機，以及基礎架構運作元件。
- 管理者可以針對 Cloud 進行委派管理，以便建立後的 VM 虛擬主機，能夠遵循預先定義的配額。
- 選擇預先準備的 VM 虛擬主機與服務範本，與指定的 Cloud 繫結之後，在幾分鐘之內就可以建立 VM 群組，這樣的過程完全無須 IT 管理人員介入。
- 整合費用計價機制及使用額度報表，確認租用戶所使用的資源及成本一共花費多少金額。

VMM 另一個特色功能，可以針對容錯移轉叢集運作架構提供動態負載平衡功能，它能夠將 VM 虛擬主機的工作負載，動態平衡的分散在所有叢集節點主機上，你也可以在離峰時間將 VM 虛擬主機，集中在少數叢集節點主機上，然後關閉不需要的叢集節點主機，直到尖峰時間快到來之前再自動開啟所有叢集節點主機，然後再將所有 VM 虛擬主機的工作負載，分散到所有叢集節點主機上，重要的是這一切也是由 VMM 自動執行即可，完全無須 IT 管理人員介入。

有關 VMM 管理機制的詳細資訊，請參考《System Center 2012 R2 Virtual Machine Manager Cookbook》（http://bit.ly/1vBjf4i）。

System Center App Controller

System Center App Controller（SCAC），能夠為 VMM 提供使用者自助式入口網站，它主要是透過 VMM 資料庫存取相關內容及配額資訊，達成讓租用戶無須透過 VMM 管理控制台介面，便能夠進行 VM 虛擬主機的管理及部署作業。我最喜歡 SCAC 的特色功能是，它不僅能夠管理內部所部署的 VM 虛擬主機，也能夠管理運作在 Microsoft Azure 公有雲環境上的 VM 虛擬主機。此外，透過 SCAC 強大的部署管理功能，你可以將內部所建立的 VM 虛擬主機範本，部署 VM 虛擬主機到公有雲環境中。

當你安裝 SCAC 運作環境後，主要進行下列 2 項工作任務：

- 將 SCVMM Cloud 資源新增至 SCAC 管理介面中，有關 SCAC 和 VMM 協同運作的詳細資訊，請參考 TechNet – Kevin Holman System Center 部落格文章 http://bit.ly/Y47OVg。
- 新增 Microsoft Azure 訂閱至 SCAC 管理介面中，有關 SCAC 和 VMM 協同運作的詳細資訊，請參考 http://bit.ly/Y47OVg。

有關 SCAC 更多的詳細資訊，請參考免費電子書《Cloud Management with App Controller》（http://bit.ly/1m2D6R5）。

System Center Operations Manager

System Center Operations Manager（SCOM），為端點到端點的監控工具，可以有效監控資料中心內的基礎架構。雖然，在目前市場上有許多監控解決方案，但是都比 SCOM 監控機制來得複雜許多，舉例來說，其它的監控解決方案每監控 1 台主機時，可能要提供多達 30 個組態參數才能進行監控，例如，檢查磁碟剩餘空間、監控作業系統版本、檢查特定 Windows 系統服務是否運作……等，反觀 SCOM 監控機制能夠直接為企業或組織提供更大的效益。

實務上，在企業或組織資料中心內有著千百種複雜的監控環境，但是透過 SCOM 所提供的「**管理組件**」（**Management Packs**），便能夠輕鬆達到監控的目的。同時，還能提供發生事件時的解決方案，或是發生事件時直接在 SCOM 管理控制台中，套用解決方案立即修復所發生的問題。

針對各種運作環境及監控情況，微軟提供許多管理組件讓管理人員可以免費下載，因此你無須像其它監控解決方案一樣，花費大量時間在監控環境的組態配置上。同時，SCOM 透過匯入管理組件的方式完成組態設定，除了節省大量配置時間外也避免人為設定錯誤，並且當監控機制設定完成後，同樣可以透過 IM 即時通訊或 E-Mail 電子郵件收到通知，或者在發生錯誤事件時直接套用解決方案修復所發生的問題。

你可以獲得有關系統所有的運作效能資訊，包括 Hyper-V 主機及 VM 虛擬主機，並且也可以監控與 Hyper-V 主機所連接的網路設備，以及 Web 應用程式如自助式入口網站的運作效能。同時，你可以透過 SCOM 將監控機制所收集到的資訊，轉送給 SCSM（System Center Service Manager）運作元件，以便整合內部的障礙報修票證機制，當問題解決後便可以關閉開啟的票證。此外，SCOM 還能夠根據監控機制所收集到的效能資訊，預估未來所需的硬體資源及工作負載。

針對進階應用情境以及微軟合作夥伴，Veeam 公司提供商業化的 Hyper-V 管理組件，讓企業或組織可以從 Hyper-V 堆疊的角色進行更深入的監控。如下圖所示，為 SCOM 監控機制管理視窗：

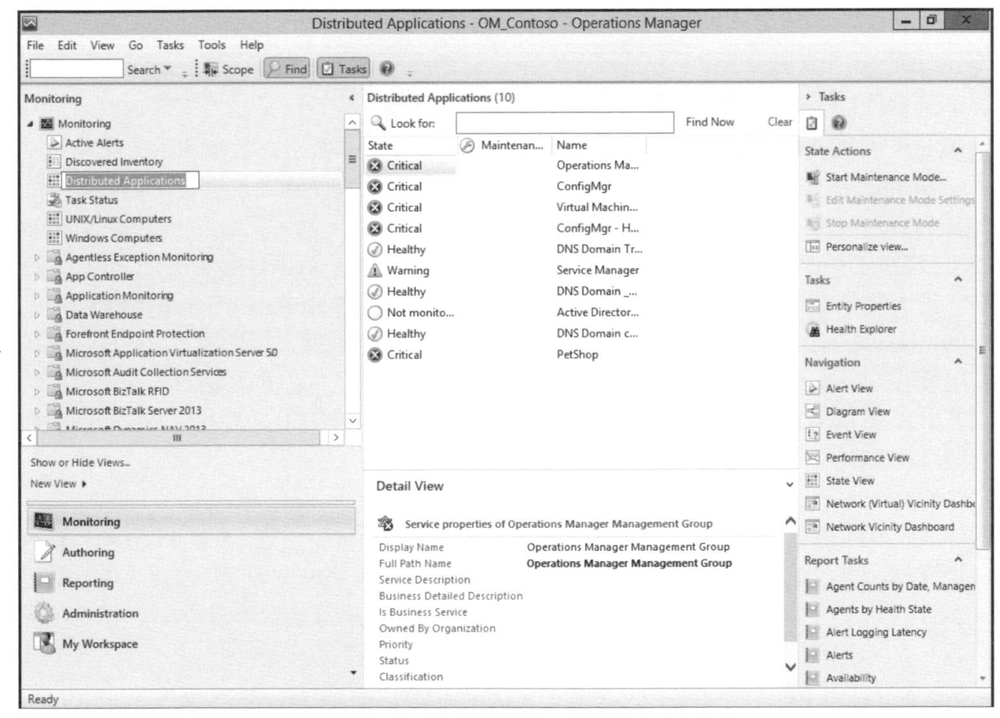

System Center Operations Manager 管理視窗

當你安裝 SCOM 運作環境後，主要將進行下列 3 項工作任務：

1. 在你安裝 SCOM 運作環境時，通常會安裝 2 台 SCOM 伺服器，1 台擔任主要監控伺服器的角色，另 1 台則是擔任資料倉儲的角色。有關 SCOM 安裝及組態配置的詳細資訊，請參考 TechNet – Kevin Holman System Center 部落格文章 `http://bit.ly/1r0by4u`。
2. 新增 SCOM 代理程式至 Hyper-V 主機及 VM 虛擬主機中，接著在 SCOM 管理介面中透過「**探索精靈**」（**Discovery Wizard**），便能夠進行監控作業。詳細資訊請參考 TechNet 文件庫《使用探索精靈在 Windows 上安裝代理程式》`http://bit.ly/1TFNVet`。
3. 在 SCOM 管理介面中，匯入監控 Hyper-V 虛擬化環境的 Hyper-V 管理組件。詳細資訊請參考 TechNet 文件庫《如何匯入作業管理員管理組件》`http://bit.ly/1X4Bpbl`。

有關 SCOM 監控機制更多的詳細資訊，請參考 MVA 微軟虛擬學院《System Center 2012 ：Operations Manager（SCOM）》課程 `http://bit.ly/1wXQkZS`。

System Center Service Manager

System Center Service Manager（**SCSM**），經常被人稱做是微軟版本的「**服務台**」（**HelpDesk**）。事實上，SCSM 能夠提供的功能遠遠超過此範圍，它是個完整版本的 IT 服務管理工具，透過 SCSM 管理機制你可以記錄事件及問題，計劃下一版本的軟體發行及相關文件。此外，SCSM 透過整合連接器的運作機制，可以輕鬆與 System Center 其它元件進行連接並協同運作，舉例來說，你可以連接到 **Configuration Management Database**（**CMDB**）之後，將儲存於其它的組態設定資料數據進行過濾，以便得到更有利用價值的資料及數據。透過 SCSM 與 SharePoint 使用者入口網站結合，讓使用者可以直接透過 Web 網站進行線上報修服務，同時 SCSM 內建 ITIL / MOF 服務管理流程的最佳建議作法。

此外，SCSM 也可以整合 System Center 當中的 Orchestrating 機制，讓 IT 管理人員可以根據需求建立自動化處理機制，達到降低重複問題的解決時間及 IT 維運成本。透過 SCSM 的強大功能並整合各項運作機制，有效協助企業或組織達到極佳的 SLA 服務等級水準，這也是為什麼 SCSM 是一個偉大工具的原因。

同時，你也可以利用數據資料資源池的概念，建立完整且最佳化後的統計報表，或者針對 VM 虛擬主機所使用的硬體資源情況，製作出費用計價機制及使用額度報表，確認租用戶所使用的資源及成本。

如下圖所示為 SCSM 管理視窗：

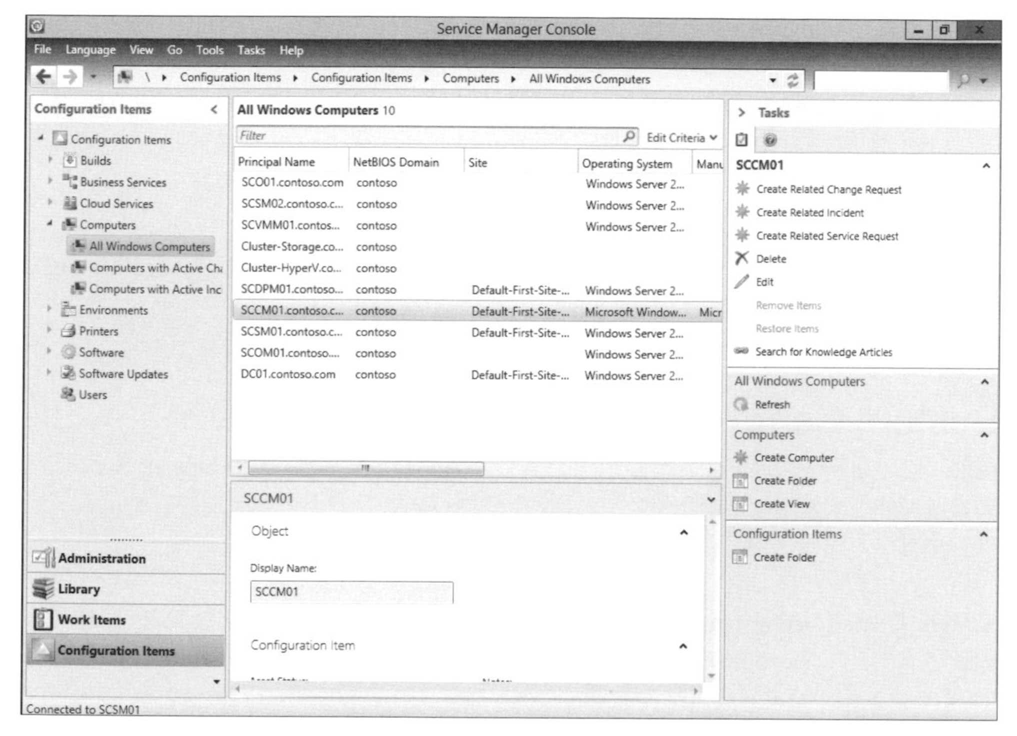

System Center Service Manager 管理視窗

你也可以在公司內部網站中，建立透過 SCSM 機制建立 SLA 儀表板，或透過 Excel 電子表格最佳化進行呈現，證明 IT 管理人員卓越的處理效率。

此外，SCSM 也能與市場上許多合作夥伴軟體協同運作，為企業或組織提供更進一步的價值，例如，整合 Cireson、Opslogix、Provance…… 等，提供完整的資產管理解決方案。

有關 SCSM 安裝及組態配置的詳細資訊，請參考 TechNet – Kevin Holman System Center 部落格文章 http://bit.ly/1qhhQg6。

1. 安裝 SCSM 運作環境後註冊你的資料倉儲，詳細資訊請參考 TechNet 文件庫《如何執行資料倉儲登錄精靈》http://bit.ly/1rd6rBq。
2. 部署使用者自助式入口網站，詳細資訊請參考 TechNet 文件庫《System Center 2012 – Service Manager 自助入口網站》http://bit.ly/1Tq4CIq。
3. 組態設定 SCSM 連接器，以便連接至其它 System Center 運作元件，建立完整的 CMDB 解決方案。詳細資訊請參考 TechNet 文件庫《使用連接器將資料匯入至 System Center 2012 – Service Manager》http://bit.ly/1OaJALW。

有關 SCSM 更多詳細資訊，請參考《Microsoft System Center 2012 Service Manager Cookbook》http://bit.ly/1owrQwD。

System Center Orchestrator

目前，已經有許多現成的工作流程解決方案，舉例來說，Microsoft Exchange Server 自動發送通知，或是 Microsoft SQL Server 自動執行維護計劃……等，這些自動化工作流程解決方案，都包含在許多軟體產品當中。

System Center Orchestrator（SCOR），是除了 Hyper-V 及 SCSM 之外另一個非常棒的軟體產品。Orchestrator 提供資料中心內工作流程管理的解決方案，Orchestrator 透過 Runbook 運作機制，達成自動化建立、監控、調配工作流程的目的。舉例來說，IT 管理人員可以為日常維護作業建立 Runbook，不管是針對 Hyper-V 虛擬化平台、Microsoft Azure 公有雲、Microsoft Exchange、Oracle 資料庫……等進行操作。現在，你可以透過 Orchestrator 運作機制自動完成，同時你也可以在不同的系統上部署 VM 虛擬主機，甚至進行自動備份作業以及災難復原容錯移轉的解決方案：

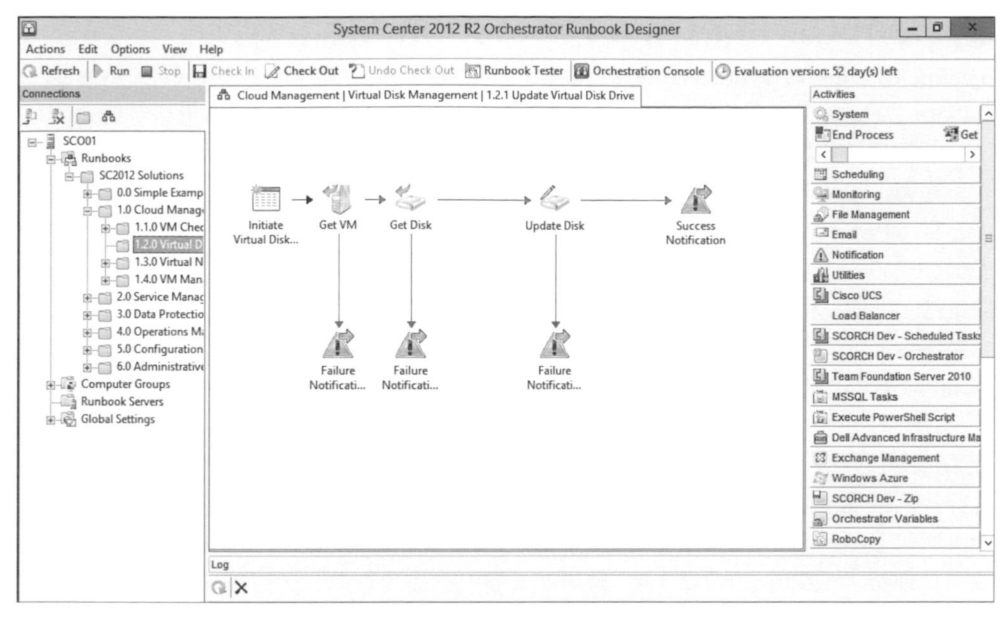

System Center Orchestrator 管理視窗

目前，已經有許多針對 Hyper-V 最佳化組態設定的 Runbook。此外，在 Hyper-V 虛擬化解決方案中，你可以透過 Hyper-V 複本機制完成異地備援解決方案，如果你希望將異地備援解決方案工作流程自動化，那麼結合 SCOR 自動化機制便是最佳選擇。

有關 SCOR 安裝及組態配置的詳細資訊，請參考 TechNet – Kevin Holman System Center 部落格文章 `http://bit.ly/1nh9yQv`。

1. 首先，請下載相關的整合套件及附加元件，以便屆時撰寫的 Runbook 能夠順利連接基礎架構。請至微軟下載中心網站下載 `http://bit.ly/1nh9Sia`。
2. 關於 Orchestrator Runbook 的規劃設計，請參考免費電子書《Microsoft System Center – Designing Orchestrator Runbooks》`http://bit.ly/1Ch2ld3`。

有關 Orchestrator 更多詳細資訊，請參考《Microsoft System Center 2012 Orchestrator Cookbook》`http://bit.ly/1B8tMUY`。

System Center Data Protection Manager

System Center Data Protection Manager（SCDPM），與內建的 Windows Server backup（wbadmin）不同，它是一個完整的備份和復原解決方案。你可以針對選定的 Hyper-V 叢集節點主機，輕鬆備份其上運作的 VM 虛擬主機，不管該台 VM 虛擬主機是否正在運作中或是關閉狀態，同時備份過程不需要安裝任何代理程式到 VM 虛擬主機當中。SCDPM 儲存 VM 虛擬主機的備份資料磁碟區，可以整合重複資料刪除機制有效節省儲存空間，並且 SCDPM 也能整合 Hyper-V 複本機制，保護複寫過去的複本 VM 虛擬主機。針對主機層級的備份，可以將 SCDPM 代理程式安裝至 Hyper-V 主機中，同時也能保護 Hyper-V 主機上運作的 VM 虛擬主機，針對客體作業系統層級的備份，可以將 SCDPM 代理程式安裝至客體作業系統中，以便保護客體作業系統中的工作負載。

SCDPM 的備份機制與傳統備份方式不同，它採用更現代化的備份機制。因為 SCDPM 是採用「**區塊**」（**Block**）為單位進行備份，因此備份過的資料區塊便無須再次進行備份，所以 SCDPM 備份機制會先建立一個完整備份，接著則是**每 15 分鐘**進行資料差異的增量備份，這樣的備份機制有效解決過去發生災難事件時，傳統的備份機制可能會導致資料遺失數個小時，採用 SCDPM 備份機制後資料最多僅遺失 15 分鐘。

此外，SCDPM 還能將備份資料複製到其它儲存媒體，例如，磁帶。甚至可以將備份資料加密後，上傳至 Microsoft Azure 公有雲環境的儲存資源中，如此一來可以減少備份至磁帶的缺點（例如，忘記更換磁帶、磁碟儲存壽命……等），同時可以達成備份資料儲存至異地的目標。

SCDPM 可以備份還原微軟的工作負載，例如，實體伺服器及 VM 虛擬主機的 Windows Server 運作環境：

- Exchange 伺服器。
- SQL 資料庫伺服器。
- SharePoint 伺服器。
- Microsoft Dynamics。

事實上，在 Hyper-V 虛擬化平台上運作的 Linux VM 虛擬主機，也是屬於微軟類型的工作負載。此外，因為在 Hyper-V 針對 VM 虛擬主機安裝的整合服務中，已經內建「**磁碟區陰影複製服務**」（**Volume Shadow Copy Service，VSS**），所以在 Hyper-V 虛擬化平台上運作的 Linux VM 虛擬主機，比起實體伺服器上運作的 Linux 主機更容易進行備份。最後，SCDPM 也可以保護 Hyper-V 環境中的 SMB 共享資源，只要所有 Hyper-V 主機安裝 SCDPM 代理程式後，便可以保護所有 SMB 遠端共享儲存資源。

即使將 SCDPM 安裝在 VM 虛擬主機中，SCDPM 仍支援「**項目層級復原**」（**Item Level Recovery，ILR**）機制，SCDPM 透過索引 VM 虛擬主機的 VHD / VHDX 虛擬磁碟，達到項目層級復原的運作機制。如下圖所示為 SCDPM 管理視窗：

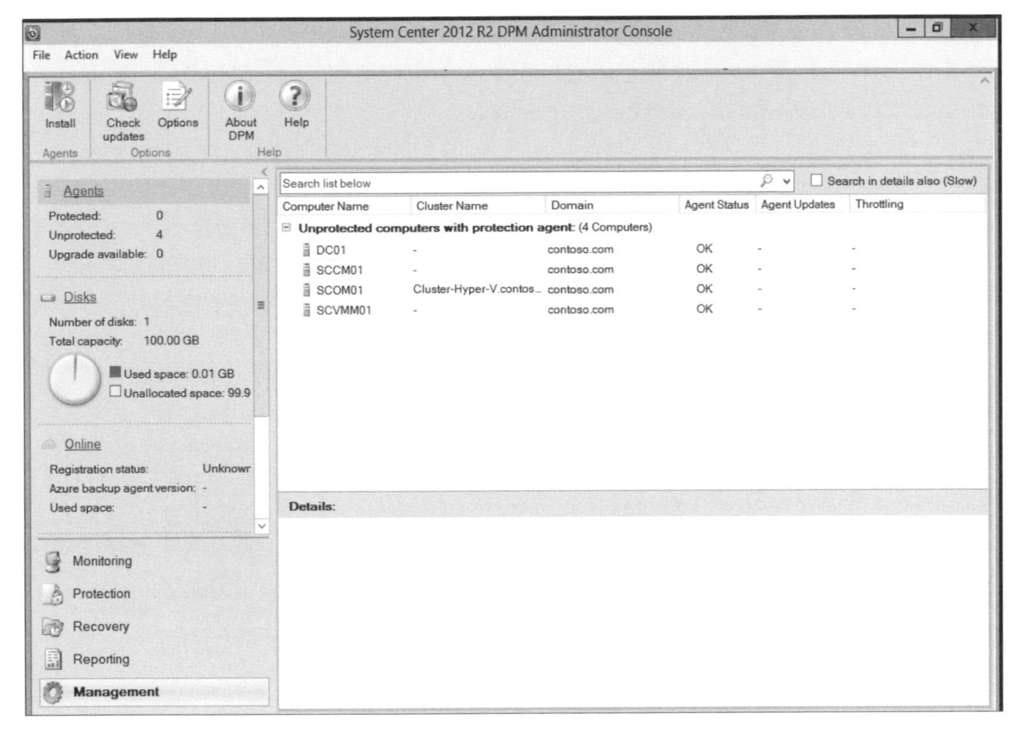

System Center Data Protection Manager 管理視窗

有關 SCDPM 安裝及組態配置的詳細資訊，請參考 TechNet – Kevin Holman System Center 部落格文章 `http://bit.ly/1sTugJj`。

1. 新增 SCDPM 儲存資源以便儲存備份資料，詳細資訊請參考 TechNet 文件庫《設定存放集區和磁碟儲存體》`http://bit.ly/1rqf6Ry`。
2. 在 Hyper-V 主機及 VM 虛擬主機中，安裝 SCDPM 代理程式以便進行資料保護作業。詳細資訊請參考 TechNet 文件庫《安裝保護代理程式》`http://bit.ly/1SG8F3A`。
3. 建立保護群組並組態設定備份任務。詳細資訊請參考 TechNet 文件庫《建立和管理保護群組》`http://bit.ly/1W0dFWj`。

有關 SCDPM 更多詳細資訊，請參考《Microsoft System Center Data Protection Manager 2012 Sp1》`http://bit.ly/1rHWKKd`。

事實上，在 System Center 中還有 Configuration Manager 及 Endpoint Protection 產品。但是，這 2 個運作元件是以**客戶端**作業系統為主，因此不在本書討論範圍內，不過仍然可以幫助 IT 管理人員進行相關管理作業。請記得，安裝 System Center 之後將有 180 天的試用期，所以別忘了體驗看看 System Center 強大的管理解決方案。

System Center 自動化部署

安裝 System Center 每個運作元件是一項複雜且耗時的工作任務，因此微軟的 Rob Willis 建立了 **PowerShell Deployment Toolkit**（**PDT**）工具，它可以在 2 小時內自動安裝好 System Center 的每項運作元件，而不是花費幾天的時間手動逐一安裝每項運作元件。下列為 PDT 自動化安裝工具的特色功能：

- PDT 工具將會自動下載，安裝 System Center 運作元件時所需預載的套件。
- 自動建立 VM 虛擬主機，並自動安裝 System Center 運作元件時所需的客體作業系統。
- 建立 Active Directory 網域環境及所需的服務帳戶。
- 安裝及組態設定 System Center 的前置作業。
- 安裝你所選擇的 System Center 運作元件。
- 初始化組態設定 System Center 運作元件。

PDT 不管用於部署研發測試環境或線上營運環境，都是非常好的一項的自動化部署工具。但是，在預設情況下 PDT 為透過 XML 檔案進行組態設定，這對於一般 IT 管理人員來說是一項棘手的工作任務。因此，我與我的同事 Kamil Kosek 建立了 PDT GUI 圖形化工具，來簡化這個 PDT 組態設定過程。

PDT GUI 圖形化設定工具，提供編輯 PDT XML 組態設定檔案的使用者介面，同時針對 PDT 各項運作元件增加一些管理機制。

你可以在 TechNet 組件庫網站（`http://aka.ms/PDTGUI`），免費下載 PDT 及 PDT GUI 自動化部署工具。如下圖所示，為 PDT GUI 自動化部署工具執行畫面：

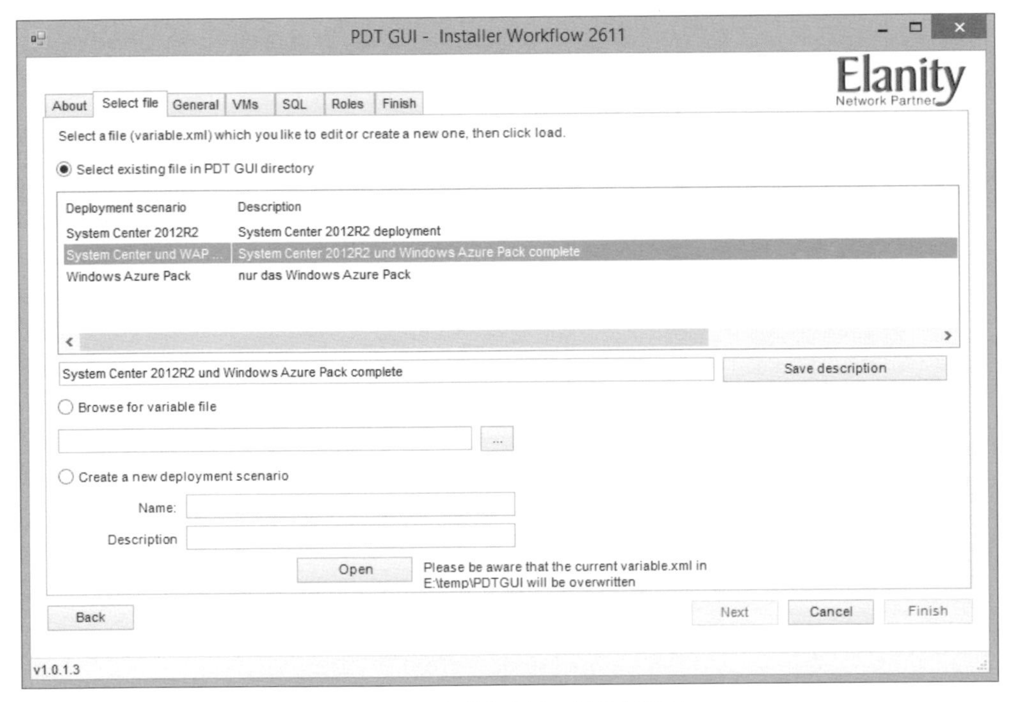

PDT GUI 自動化部署工具執行畫面

結語

閱讀完本章後，相信你對於透過 System Center 管理 Hyper-V 虛擬化環境，有一定程度的認識與了解。同時，你可以透過 PDT 及 PDT GUI 自動化部署工具，協助你快速建立 System Center 管理解決方案運作環境，有效幫助企業或組織達到管理便利性，以及資料保護的目的。

在《第 8 章： 遷移至 Hyper-V 2012 R2》章節中，你將學習到如何將現有實體伺服器的工作負載，或是其它 Hypervisor 虛擬化平台，遷移到微軟 Hyper-V 虛擬化解決方案中。

有關 System Center 更多詳細資訊，你可以下載並閱讀免費電子書《Introducing Microsoft System Center 2012 R2 Technical Overview》`http://bit.ly/1pZQHyj`。

8

遷移至 Hyper-V 2012 R2

隨著幾百次遷移任務所累積的經驗，我收集一些最佳建議作法。當你考慮進行虛擬化平台的遷移或轉換作業時，最好在事前做一些統計分析作業，例如，效能分析……等。此外，倘若是從其它虛擬化平台遷移時，必須記得移除第 3 方軟體，例如，VMware Tools……等。

Niklas Akerlund MVP – Hyper-V

現在，你已經了解所有關於 Hyper-V 的最佳化組態設定及建議作法，考慮到能夠充分利用 Hyper-V 虛擬化平台的優勢，強烈建議你使用最新版本的 Hyper-V 2012 R2。如果，你還在使用舊版本的 Hyper-V 虛擬化平台，那麼該是將版本向前推進的時候了。在本章節當中，你將會了解到各種推進至 Hyper-V 2012 R2 版本的遷移轉換工具。

在本章中將討論下列技術議題：

- 匯出 / 匯入 / 重新建立 VM 虛擬主機。
- 跨版本線上即時遷移。
- 使用叢集角色複製精靈。
- **Microsoft Virtual Machine Converter**（**MVMC**）及 **Microsoft Automation Toolkit**（**MAT**）轉換工具。
- MAT 與 Project Shift 以及其它第 3 方轉換解決方案。
- **Physical to Virtual**（**P2V**）遷移轉換解決方案。
- 虛擬網域控制站的可行性。

升級單機 Hyper-V 主機

如果，在你的運作環境中有一台舊版的 Hyper-V 主機，你現在想要連同實體伺服器一同進行升級，該如何進行才能達到升級過程中停機時間最短，同時其上運作的 VM 虛擬主機不會遺失任何資料。在你準備開始進行升級之前，你應該先確保基礎架構中的運作元件，都能夠與最新版本的 Hyper-V 虛擬化平台相容，同時預先下載並確認升級後的實體伺服器，相關驅動程式及韌體版本是否能夠更新至最新穩定版本，並且能夠與最新版本的 Windows Server 2012 R2 及 Hyper-V 相容。

在更新升級虛擬化平台作業中，最關鍵的問題為是否採用「**就地升級**」（**In-Place Upgrade**）的方式，直接將現有舊版的作業系統升級至新版，或者完全清除目前的作業系統後執行全新安裝。

當主機只安裝 Hyper-V 伺服器角色時，採用就地升級方式的安裝操作體驗通常還不錯。但是，根據過往經驗來看，採用就地升級的方式後容易出現一些問題，就 Elanity 技術支援資料庫的統計結果來看，有 **15 %** 以上的技術支援就是因為採用就地升級方式所產生，他們大多是從舊版的 Windows Server 2008 R2 進行就地升級後，產生各種不同的問題。這就是為什麼我建議，不要採用就地升級而改採**全新安裝**的方式進行升級，但是如果你正在使用的版本為 Windows Server 2012，而你希望升級到最新 Windows Server 2012 R2 的話，那麼在目前我還沒看到因為升級而叫修技術支援的案例。事實上，全新安裝 Hyper-V 虛擬化平台，是非常簡單且快速的一件事情，所以在實務上我還是很少採用就地升級的方式。

在開始進行任何型式的版本升級動作之前，你應該確保所有受影響的 VM 虛擬主機，都已經進行完整備份以便因應版本升級所產生的故障情況。

倘若，你仍然想使用就地升級方式的話，那麼只要插入 Windows Server 2012 R2 安裝媒體後，在目前的作業系統中執行下列指令即可：

```
Setup.exe /auto:upgrade
```

如果，發生版本升級失敗的情況時，很有可能是因為舊版作業系統當中，安裝無法相容於新版的應用程式所導致。此時，請再次執行安裝的動作，但是不要搭配自動升級的參數，同時找出哪些應用程式應該被移除，以免影響到後續自動化版本升級程序。

如果，Hyper-V 主機是從 Windows Server 2012 版本進行升級的話，那麼通常不需要其它額外的準備工作。倘若，是從更舊的作業系統版本進行升級的話，那麼建議將 VM 虛擬主機中的所有快照刪除。

匯入 VM 虛擬主機

如果，你選擇採用全新安裝的方式進行版本升級的話，你不一定要將所有 VM 虛擬主機進行匯出的動作。只要確保 VM 虛擬主機儲存的磁碟區，與 Hyper-V 主機作業系統在不同的磁碟區即可，如果作業系統是安裝在 SAN 的話，那麼在全新安裝之前先中斷所有 LUN 的連接，然後重新連接至新的 LUN 以確保安裝過程的完整性。在全新安裝 Hyper-V 主機的部分，我們已經在《第 1 章： 加速 Hyper-V 部署作業》中詳細討論及說明，當完成作業系統的安裝作業之後，便可以重新連接所有的 LUN 儲存空間，並透過 **diskpart** 指令或**磁碟管理員（控制台 > 電腦管理 > 磁碟管理）**，掛載所有 LUN 儲存空間。

如果，你所安裝的儲存媒體是本機硬碟時，那麼只要確保與 VM 虛擬主機採用不同的硬碟即可，當新版 Hyper-V 主機的作業系統安裝完畢後，只要將 VM 虛擬主機所處的磁碟區進行上線，然後執行匯入 VM 虛擬主機的動作即可。值得注意的是，應該確保 VM 虛擬主機相關依賴條件，例如，VM 虛擬主機連接的 vSwitch 虛擬網路交換器。

執行下列 PowerShell 指令，以便匯入單台 VM 虛擬主機：

```
IMPORT-VM -Path 'D:\VMs\EyVM01\Virtual Machines\2D5EECDA-8ECC-4FFC-ACEE-
66DAB72C8754.xml'
```

執行下列 PowerShell 指令，針對指定的資料夾匯入所有的 VM 虛擬主機：

```
Get-ChildItem d:\VMs -Recurse -Filter "Virtual Machines" | %{Get-
ChildItem $_.FullName -Filter *.xml} | %{import-vm $_.FullName -Register}
```

此時，便會將所有 VM 虛擬主機重新註冊至 Hyper-V 主機內，並且在你將所有 VM 虛擬主機重新上線服務之前，記得更新所有 VM 虛擬主機的 Hyper-V 整合服務。此外，如果 VM 虛擬主機仍使用舊版 `.vhd` 虛擬磁碟格式的話，那麼你應該將 VM 虛擬主機關機，並執行下列 PowerShell 指令將虛擬磁碟格式轉換為新版的 `.vhdx` ：

```
Convert-VHD -Path D:\VMs\test.vhd -DestinationPath D:\VMs\test.vhdx
```

倘若，你希望所有採用舊版 .vhd 虛擬磁碟格式的 VM 虛擬主機，能夠都轉換為新版 .vhdx 虛擬磁碟格式的話，那麼你可以使用由 2 位 MVP（Aidan Finn 及 Didier van Hoye）所撰寫的 PowerShell 指令碼，便能夠輕鬆幫助你達成轉換虛擬磁碟格式的目的。詳細資訊請參考 Aidan Finn 部落格文章 http://bit.ly/1omOagi。

我常常聽到客戶表明希望不要升級虛擬磁碟格式，他們希望不要升級的理由是，希望後續有需要時能夠隨時恢復到舊版的 Hyper-V 上繼續運作。首先，我從來沒有看到有哪個客戶不升級虛擬磁碟格式，因為實在沒有任何技術上的原因不進行升級，再者當 VM 虛擬主機已經運作在新版 Hyper-V 虛擬化平台後，便無法在運作於舊版的 Hyper-V 虛擬化平台了，原因很簡單因為 Hyper-V 整合服務是無法降級的，所以希望將 VM 虛擬主機運作在舊版的 Hyper-V 虛擬化平台上，唯一的方式就是採用 VM 虛擬主機在進行升級之前的備份。

匯出 VM 虛擬主機

如果，你希望將 Hyper-V 虛擬化平台運作在另一台新的實體伺服器時，那麼你將有下列選項可供選擇：

- 採用 SAN 共享儲存設備時，確認所有 VM 虛擬主機的儲存路徑，是在其它 LUN 而非安裝作業系統的 LUN 儲存空間。當新版作業系統安裝完畢後，將 VM 虛擬主機的 LUN 儲存空間，與舊有的來源端主機中斷並重新連接至新的目的端主機，然後依序將 VM 虛擬主機進行匯入的動作。
- 採用 SMB 3 共享儲存資源時，請針對 SOFS 叢集檔案伺服器設定存取權限，將新的 Hyper-V 主機加入至可存取 SMB 3 共享儲存資源清單中。
- 當舊有的 Hyper-V 主機，將 VM 虛擬主機儲存於本機硬碟，並且採用的作業系統為 Windows Server 2008 SP2 或 Windows Server 2008 R2 時，那麼必須先將 VM 虛擬主機「**關機**」（**Shutdown**）之後（採用 2012 R2 版本，可以在 VM 虛擬主機**開機**狀態下進行匯出的動作），才能夠執行下列 PowerShell 指令進行匯出的動作：

```
Export-VM -Name EyVM -Path D:\
```

- 倘若，你希望一次匯出所有 VM 虛擬主機到 D 槽根目錄的話，那麼請執行下列 PowerShell 指令：

```
Get-VM | Export-VM -Path D:\
```

- 在大部分情況下，其實只要複製 VM 虛擬主機的虛擬磁碟及設定檔，然後在新版本的 Windows Server 2012 R2 Hyper-V 主機中，重新進行 VM 虛擬主機註冊的動作即可。但是，相較之下「**匯出**」（**Export**）的作法較為標準且可靠，因此應該優先採用此方式才對。
- 另一種遷移 VM 虛擬主機的方式，就是重新建立 VM 虛擬主機。如果，你已經採用另一台實體伺服器並安裝最新版本的 Hyper-V，那麼這剛好是個升級客體作業系統的機會，舉例來說，舊版的 Windows Server 2003 及 2003 R2 版本，延伸技術支援已經於 2015 年 7 月終止。因此，重新建立 Windows Server 2012 R2 客體作業系統，除了是一項正確的選擇外也同時提升整體工作負載的執行效率。
- 倘若採用 Windows Server 2012 作業系統版本，並且將 VM 虛擬主機儲存於本機硬碟時，可以透過跨版本線上即時遷移的方式進行升級作業，相關資訊將於下一小節中說明。

跨版本線上即時遷移

在 Windows Server 2012 R2 版本中，針對 VM 虛擬主機遷移有一項重大功能改進，就是可以在不同版本的 Hyper-V 主機上運作。採用「**跨版本線上即時遷移**」（**Cross-version Live Migration**）機制，當你將作業系統版本由 Windows Server 2012 升級至 Windows Server 2012 R2 時，它可以有效簡化作業系統版本升級的過程。事實上，它與「**無共用儲存即時遷移**」（**Shared-Nothing Live Migration**）機制相同，可以將線上運作中的 VM 虛擬主機，由單機 Hyper-V 運作環境進行線上遷移，也可以由容錯移轉叢集環境中進行線上遷移。值得注意的是，因為將會連同 VM 虛擬主機的儲存資源一同遷移，所以整個遷移過程將會花費一段不少的時間，但是你想減少因為版本升級造成停機時間的話，那麼這個遷移機制便是最適合你的選項。最後，當你順利遷移 VM 虛擬主機之後，仍應該為 VM 虛擬主機更新 Hyper-V 整合服務，並且於更新整合服務重新啟動 VM 虛擬主機。

如果，VM 虛擬主機儲存於 SMB 3 共享儲存資源時，那麼你不需要遷移 VM 虛擬主機的虛擬磁碟，只需要執行線上即時遷移即可。

確認來源端及目的端的 Hyper-V 主機，都處於同一個 Active Directory 網域環境中，或者是處於不同樹系但受信任的網域環境中，同時確保 DNS 名稱解析機制正常運作。最後，在 VM 虛擬主機連接的 vSwitch 虛擬網路交換器部分，必須確保來源端及目的端的名稱一致，才能順利執行 VM 虛擬主機線上即時遷移的動作。

你已經了解到，線上即時遷移與無共用儲存即時遷移，其實二者的運作機制大致相同。因此，你可以透過 PowerShell 執行遷移的動作，也可以透過 Hyper-V 管理員、容錯移轉叢集管理員或是 System Center Virtual Machine Manager 進行操作。

使用叢集角色複製精靈

你已經學會如何升級單機 Hyper-V 主機，那麼讓我們透過容錯移轉叢集中的小工具，幫助你將 Windows Server 2012 中的叢集角色，快速遷移至 Windows Server 2012 R2 叢集角色。你只要透過「**複製叢集角色精靈**」（**Copy Cluster Roles Wizard**），即可快速達成叢集角色的複製及遷移作業。

透過複製叢集角色精靈，可以將 Hyper-V 叢集中所有叢集角色，移動到另一個 Hyper-V 叢集環境當中，包含跨版本線上遷移的 VM 虛擬主機。但是，因為執行跨版本線上即時遷移的動作，必須手動指定所要遷移的儲存資源，所以複製叢集角色精靈並不會觸發執行跨版本線上即時遷移的動作。

複製叢集角色精靈的主要功用在於，連接到來源端容錯移轉叢集環境中，複製所有叢集環境的重要資訊，例如，叢集角色的組態配置……等，並且將 SAN 儲存資源的 LUN 儲存空間，重新對應到新的容錯移轉叢集運作環境中，然後快速在新的叢集環境中啟動所有叢集角色，整個過程非常快速且平穩的進行切換。但是，叢集節點主機上所有線上運作中的 VM 虛擬主機，都必須為**關閉**狀態才行。

目前，我並沒有看到有哪個 PowerShell 指令，可以直接執行複製叢集角色精靈並完成遷移任務。因此，請開啟**容錯移轉叢集管理員**執行複製叢集角色精靈：

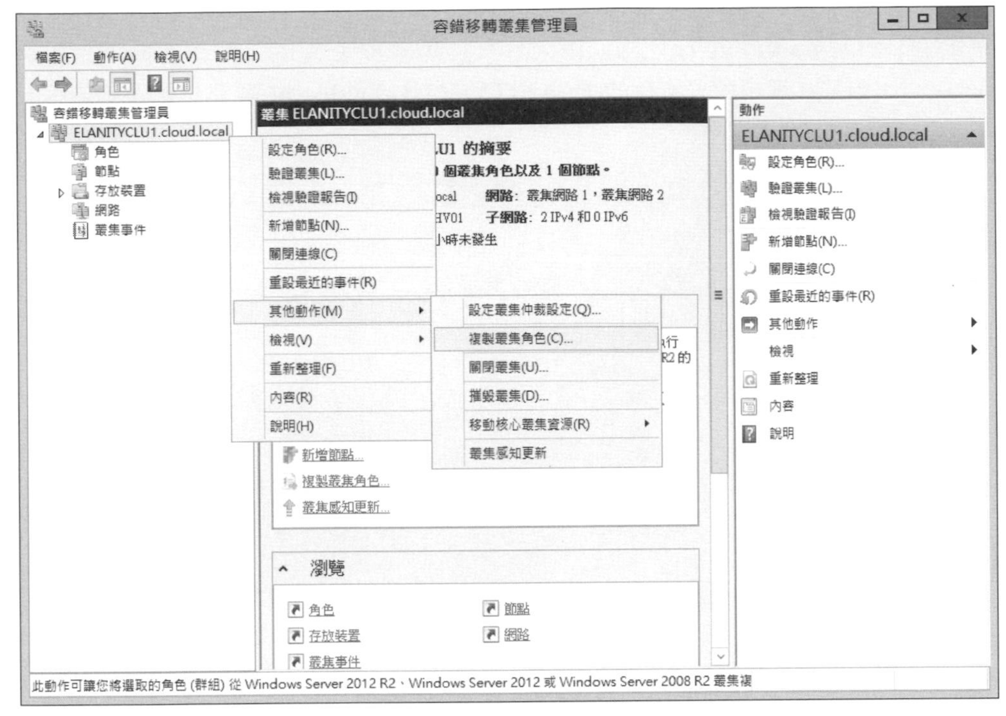

執行複製叢集角色精靈

執行複製叢集角色精靈後的第一件事，便是請你提供來源端容錯移轉叢集名稱。此時，複製叢集角色精靈便會連接至**來源端**叢集，並且讀取該容錯移轉叢集中相關角色及組態設定，你將會看到來源端叢集中所有叢集角色的列表，並且進入遷移叢集角色及組態設定的移轉程序中。值得注意的是，你只能遷移 CSV 叢集共用磁碟區中所有的 VM 虛擬主機，倘若你使用的傳統單台 VM 虛擬主機使用 1 個 LUN 時，那麼你只能遷移單台 VM 虛擬主機而已。

事實上，除了遷移叢集角色及組態設定之外，也可以同時遷移叢集 DNS 名稱及 IP 位址，但是這樣會讓整體遷移過程複雜度提升許多，因此不建議採用這樣的作法，最佳建議作法是採用原本唯一的叢集 DNS 名稱及 IP 位址。

倘若 VM 虛擬主機採用「**通透模式磁碟**」（**Pass-Through Disk**）的話，那麼在遷移之前必須先中斷連接這些磁碟，同時轉換成 VHDX 虛擬磁碟格式，以避免影響整個遷移過程。

在本書實作環境中，開啟 Windows Server 2012 R2 的容錯移轉叢集管理員，連接至新建立的 **ELANITYCLU2.cloud.local** 容錯移轉叢集環境。我希望將 Windows Server 2012 運作環境中，舊有的 **ELANITYCLU1.cloud.local** 容錯移轉叢集遷移至 ELANITYCLU2.cloud.local：

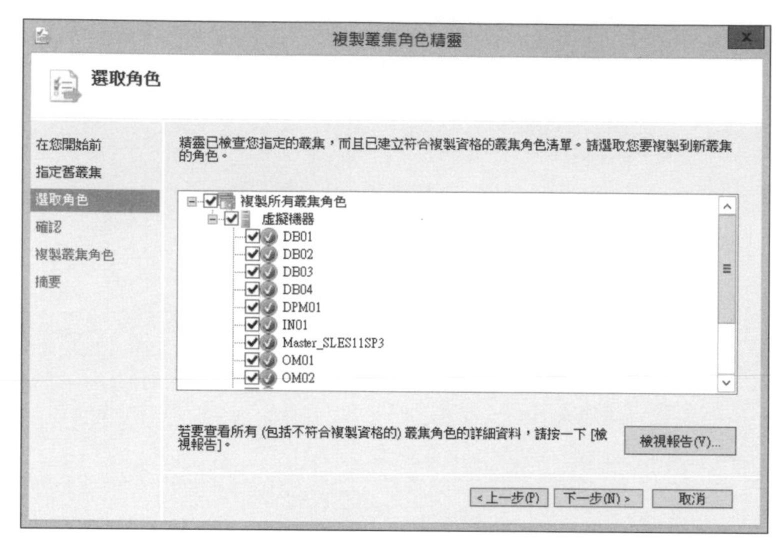

選擇遷移哪些 VM 虛擬主機

接著在下一個視窗中，選擇 VM 虛擬主機遷移後所要對應的 vSwitch 網路交換器：

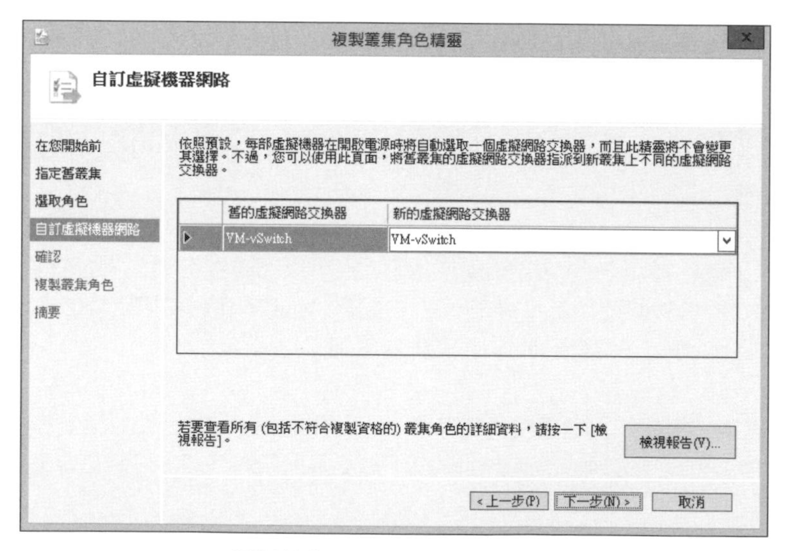

選擇對應的 vSwitch 網路交換器

確認執行複製叢集角色後，你會在複製過程中了解發生哪些動作。首先，在來源端的叢集環境中所有角色仍維持「**上線**」（**Online**）狀態，接著執行複製叢集角色到目的端叢集，並確保所有 ID、名稱、組態設定……等都相同，此時在目的端叢集當中相關角色為「**離線**」（**Offline**）狀態。

此時，目的端的容錯移轉叢集將會處於「**預備**」（**Prestaged**）狀態，剩下的操作步驟則必須 IT 管理人員介入處理：

1. 在來源端容錯移轉叢集環境中，將所有 VM 虛擬主機關機並將叢集資源離線。
2. 開啟 SAN 儲存設備管理主控台，將來源端 Hyper-V 主機所連接的 LUN 進行中斷，然後將這些 LUN 重新對應到目的端 Hyper-V 主機。請注意，這些 LUN 儲存空間不應該同時被 2 個叢集所存取，因為此舉將會破壞 LUN 儲存空間中的資料。
3. 在目的端叢集環境中，重新整理叢集資源並匯入新的 CSV 叢集共用磁碟區。
4. 在目的端叢集環境中，啟動所有 VM 虛擬主機並確認是否正常運作。

啟動所有 VM 虛擬主機到重新上線服務，應該只需要花費幾分鐘的時間而已。接著，請依序檢查所有 VM 虛擬主機所依賴的各項資源，例如，VM 虛擬主機當中每張虛擬網路卡，是否都正確連接到指定的 vSwitch 虛擬網路交換器，同時檢查客體作業系統中是否有任何警告或錯誤事件。

一切確認無誤後，便可以正式刪除來源端叢集環境。倘若，為了相容性因素考量的話，可以考慮把來源端叢集的 Hyper-V 主機，進行版本升級後加入至目的端叢集環境中。

遷移 VMware VM 虛擬主機

倘若，目前環境中的 VM 虛擬主機，運作在 VMware ESXi 虛擬化平台上，那麼你也可以把它們遷移到 Hyper-V 虛擬化平台統一管理。事實上，如何把 VMware VM 虛擬主機，遷移或轉換成 Hyper-V VM 虛擬主機有許多不同作法，例如，從 VM 虛擬主機中的客體作業系統進行轉換、從虛擬化主機層級進行轉換、將 VM 虛擬主機關機後進行離線轉換、在 VM 虛擬主機運作中進行線上轉換……等。接下來，我將會一一介紹目前市場上可用的轉換及遷移工具。

System Center VMM

在前一章內容中，你已經學習到如何透過 SCVMM 管理基礎架構及雲端環境。事實上，SCVMM 具備「**虛擬轉虛擬**」（**Virtual to Virtual，V2V**）的轉換功能。但是，在 SCVMM 當中的 V2V 功能已經許久沒有更新，因此在轉換的過程中容易發生問題，所以 SCVMM 不應該是你第一個選擇採用的轉換工具，就目前來看 **MVMC** 及 **MAT** 轉換工具是比較好的選擇。

在舊版 SCVMM 運作環境中，允許針對 VM 虛擬主機進行**線上**或**離線**轉換任務。現在，最新版本的 SCVMM 2012 R2 環境中，只允許針對離線狀態的 VM 虛擬主機進行轉換任務。請將 VMware 虛擬化平台中的 VM 虛擬主機關機，然後透過 SCVMM 執行 V2V 的離線轉換任務，此時將會透過 VMware vCenter 將該台 VM 虛擬主機的組態，例如，設定檔、虛擬記憶體、虛擬處理器、虛擬網路卡……等進行轉換。最後，順利將 VM 虛擬主機轉換至 Hyper-V 虛擬化平台，並且自動為該台 VM 虛擬主機新增虛擬網路卡。

值得注意的是，在進行 VMware VM 虛擬主機離線轉換之前，必須先將 VM 虛擬主機中的 **VMware Tools 移除**，因為當 VM 虛擬主機運作在非 VMware 虛擬化平台主機時，將無法輕鬆且順利的移除 VMware Tools。此外，最新版本的 SCVMM 2012 R2，支援轉換的 VMware 虛擬化平台為舊版的 ESXi 4.1 及 5.1，**不支援**新版的 ESXi 5.5 及 6.0。你可以透過 SCVMM 結合 System Center Orchestrator 自動化機制，達成在轉換過程之前移除 VM 虛擬主機中的 VMware Tools，並且在 V2V 轉換作業完成後安裝 Hyper-V 整合服務。詳細資訊請參考 TechNet 部落格文章《Automating VM Migration – VMM and V2V（Part 3）》`http://bit.ly/Y4bGp8`。

Microsoft Virtual Machine Converter

微軟在 2013 年時，發佈免費版本解決方案加速器 **Microsoft Virtual Machine Converter**（**MVMC**），此時版本為 **MVMC 1.0**。MVMC 是個小而美的 V2V 轉換工具，它可以將 VM 虛擬主機遷移到 Hyper-V 虛擬化平台，它採用類似 SCVMM 的 V2V 轉換機制，並且是針對主機層級的端點到端點的解決方案。MVMC 支援所有 VMware vSphere 虛擬化平台版本，同時 MVMC 在轉換作業中會自動移除 VMware Tools，並且自動安裝 Hyper-V 整合服務。在 **MVMC 2.0** 版本時，除了支援客體作業系統為 Windows 之外，也支援 Hyper-V 虛擬化平台的 Linux 作業系統。

雖然，MVMC 是免費轉換工具，但是 MVMC 具備完整的 GUI 圖形操作介面，以及完整的「**命令列介面**」（**Command-Line Interface，CLI**），並且在你的轉換過程中出現任何問題時，微軟也將全面支援你處理所遭遇到的問題，所以當你不知道要使用哪個轉換工具時，MVMC 就是你第 1 個應該要採用的轉換工具。MVMC 會使用主機中指定的儲存空間，用來將 VMware 虛擬磁碟格式轉換成 Hyper-V 虛擬磁碟格式，MVMC 甚至可以在 vSphere Client 操作介面中，直接執行 V2V 轉換作業。

你可以在微軟下載中心網站中，取得最新版本的 MVMC 轉換工具 `http://bit.ly/1m1IGVH`。

當你下載 MVMC 轉換工具並安裝完成後，執行 `Mvmc.Gui.exe` 便會開啟 MVMC GUI 圖形介面。此時，將會有轉換精靈引導你進行轉換作業：

1. MVMC 不僅能將 VM 虛擬主機，轉換至內部 Hyper-V 虛擬化平台上運作，也支援將 VM 虛擬主機轉換至 Microsoft Azure 公有雲。
2. 選擇目的端 Hyper-V 主機。
3. 鍵入 VM 虛擬主機轉換後要在哪台 Hyper-V 主機上運作，接著指定 SMB 檔案分享路徑，然後在虛擬磁碟格式部分通常選擇採用「**動態擴充**」（**Dynamically expanding**）項目。
4. 鍵入來源端 vCenter 或 ESXi 主機名稱，以及管理者帳號和密碼。
5. 選擇要進行轉換的 VM 虛擬主機，並確認 VMware Tools 是否已經安裝，以及 VM 虛擬主機的電源狀態。
6. 鍵入暫存區資料夾路徑，也就是稍後轉換虛擬磁碟格式的暫存區。
7. 相關資訊確認無誤後，只要按下 Finish 鈕便立即進行轉換。
8. 操作過程如下圖所示：

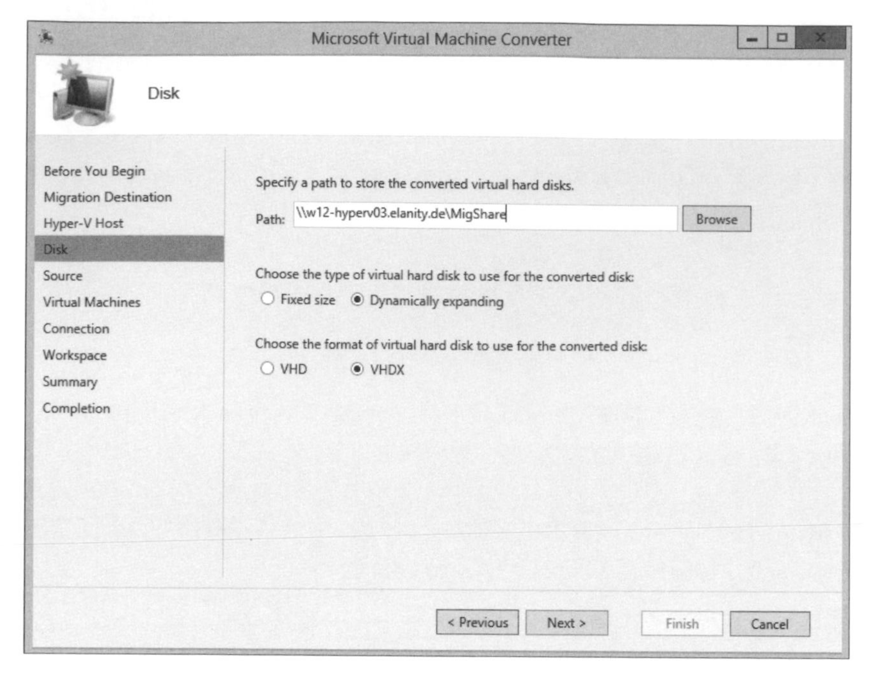

Microsoft Virtual Machine Converter 操作畫面

有關 MVMC 更多詳細資訊，請參考 MSDN 文件 `http://bit.ly/1vBqj0U`。

這是個簡單且快速轉換 VM 虛擬主機的方法，只要重複上述操作步驟便可以轉換 VM 虛擬主機，或者採用後續介紹的自動化轉換機制。

Microsoft Automation Toolkit

倘若，你希望一次轉換大量的 VM 虛擬主機時，採用 **Microsoft Automation Toolkit（MAT）**是個不錯的選擇，它其實就是剛才介紹 MVMC 轉換工具的更進階版本。你可以在 TechNet 組件庫網站中下載 `http://bit.ly/XyLgeG`。

簡單來說，MAT 是採用 MVMC 轉換工具結合 PowerShell 指令碼，配合 SQL Server 資料庫（只要採用 SQL Express 即可協同運作），可以針對單台或多台虛擬化主機其上的 VM 虛擬主機，達成一次大量轉換 VM 虛擬主機的目的。MAT 是自動化端點到端點的轉換解決方案，然而即使在完全自動化的轉換環境中，因為 V2V 轉換程序中必須將虛擬磁碟格式進行轉換，所以整個轉換作業仍然會花費許多時間，因此採用動態擴充是比較適合的虛擬磁碟格式。

有關 MAT 轉換工具的詳細資訊，請參考 TechNet 部落格文章《Keep Calm and Migrate from VMware Using MAT》`http://bit.ly/1B8tSf5`。

另一個快速轉換 VM 虛擬主機的解決方案，我們將在下一小節當中進行討論。

Project Shift 及 MAT

如果，你認為 MAT 轉換工具是 MVMC 的附加項目，那麼可以試試另一個 MAT 附加項目的 Project Shift 轉換工具。透過 NetApp 儲存設備的硬體加速功能，讓 Project Shift 有效縮短虛擬磁碟的轉換時間，並且可以針對多種磁碟格式進行轉換，其中最有意思的是可以把 VMDK 快速轉換成 VHD / VHDX，舉例來說，可以透過 PowerShell 指令，將 40 GB 的 VMDK 虛擬磁碟轉換成 VHDX：

```
ConvertTo-NaVhd
```

上述指令執行後，虛擬磁碟轉換作業只要花費 **6 秒**的時間即可完成。主要原因是透過 NetApp 儲存設備控制器，將 VMDK 虛擬磁碟的中繼資料，直接轉換成 Hyper-V 格式的 VHD/VHDX 虛擬磁碟，因此只要幾秒鐘時間即可完成。因為，Project Shift 只能搭配 NetApp 儲存設備使用，而無法轉換整台 VM 虛擬主機，這就是為什麼採用 MAT 轉換工具進行大量轉換時，會建議搭配採用 Project Shift，以大量節省轉換虛擬磁碟格式所花費的時間。

因此，當需要大量轉換 VM 虛擬主機時（例如，幾百台 VM 虛擬主機），採用 MAT 搭配 Project Shift 可以提供非常好的延展性。在我的顧問經驗中，已經看到許多客戶採用這種轉換方式，搭配 NetApp 儲存設備硬體加速功能，快速達成大量轉換 VM 虛擬主機及虛擬磁碟的目標。如下圖所示，為 MAT 搭配 Project Shift 轉換虛擬磁碟格式的運作示意圖：

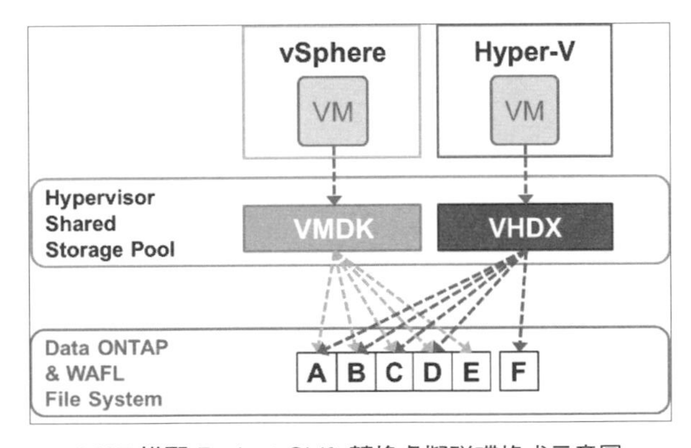

MAT 搭配 Project Shift 轉換虛擬磁碟格式示意圖

有關 MAT 搭配 Project Shift 的其它相關資訊，請參考 TechNet 部落格文章《MAT（powered by Project Shift）》`http://bit.ly/1tRiMcc`。

其它 V2V 方案

目前，市場上還有許多 V2V 轉換解決方案，例如，5nine V2V Easy Converter、StarWind V2V Converter……等，其中 StarWind V2V Converter 轉換解決方案，與 MVMC + MAT 的轉換解決方案非常類似，但必須要有相關條件配合才能達成。

另外一個非常棒的轉換工具，是由微軟與 Vision Solution 合作推出的 Double-take Move，它能夠達成自動化且高效能的轉換作業，同時還能與 System Center Orchestrator 及 Service Manager 協同運作，甚至能夠將 VMware VM 虛擬主機，複寫至 Hyper-V 虛擬化平台上運作。但是，你必須付出相對應的代價才行，Vision Solution 的 Double-take Move 轉換解決方案，是以遷移**每台 VM 虛擬主機**為單位進行計價，因此企業或組織可以衡量預算及需求後決定是否採用。

至目前為止，我們都在討論如何將 VMware VM 虛擬主機，轉換或遷移到 Hyper-V 虛擬化平台上。如果，在你的運作環境中有 Citrix XenServer 虛擬化平台時，該如何將 VM 虛擬主機轉換至 Hyper-V 虛擬化平台？

Citrix 提供一個名為 XenConvert 的免費轉換工具（`http://bit.ly/WXrnhd`），它可以將 XenServer VM 虛擬主機轉換為 OVF 格式，這個轉換後的 OVF 格式包含 XenServer VM 虛擬主機的組態設定，以及可用於 Hyper-V 主機的 VHD 虛擬磁碟格式。你可以依照下列操作步驟完成轉換作業：

1. 在 Hyper-V 虛擬化環境中建立 VM 虛擬主機。
2. 掛載包含在 OVF 容器當中的 VHD 虛擬磁碟。
3. 啟動 VM 虛擬主機。
4. 升級 VM 虛擬主機的 Hyper-V 整合服務。

相關詳細資訊，請參考 Marcus Daniels 的部落格文章《Quick and Easy XenServer to Hyper-V Conversion》`http://bit.ly/Y4c2Mn`。

如果，在你的運作環境中採用 VMware 或 Citrix 以外的虛擬化平台，那麼對待這些 VM 虛擬主機的轉換方式，就跟對待實體伺服器轉換一樣即可。

P2V 轉換

雖然，在企業或組織的資料中心當中，已經大多採用伺服器虛擬化技術運作相關服務，但是通常仍有一小部分的應用程式或服務，會運作在實體伺服器當中。此時，可以透過「**實體轉虛擬**」（**Physical to Virtual，P2V**）的方式，將實體伺服器運作環境轉換至虛擬化平台上。

同樣的，在市場上已經有許多 P2V 轉換解決方案，包括 MVMC 3.0、SCVMM 2012 SP1（在 2012 R2 版本時移除 P2V 功能）以及 Disk2VHD。就我個人在 Elanity 的顧問經驗來看，進行 P2V 轉換工作是一項非常複雜的工作任務，同時 P2V 轉換成功率最高的工具，通常不是最複雜或功能最強大的轉換工具，而是最簡單快速的轉換工具。

首先，在你的實體主機上執行 Disk2VHD 之前，先停止實體伺服器上資料庫及系統服務等工作負載，接著執行 Disk2VHD 轉換任務時，將會建立 VSS Snapshot 並針對實體硬碟中，每一個資料區塊建立 VHDX 虛擬磁碟。當轉換任務完成後，便可以建立 VM 虛擬主機並掛載 VHDX 虛擬磁碟。如下圖所示，為 Disk2VHD 轉換工具操作畫面：

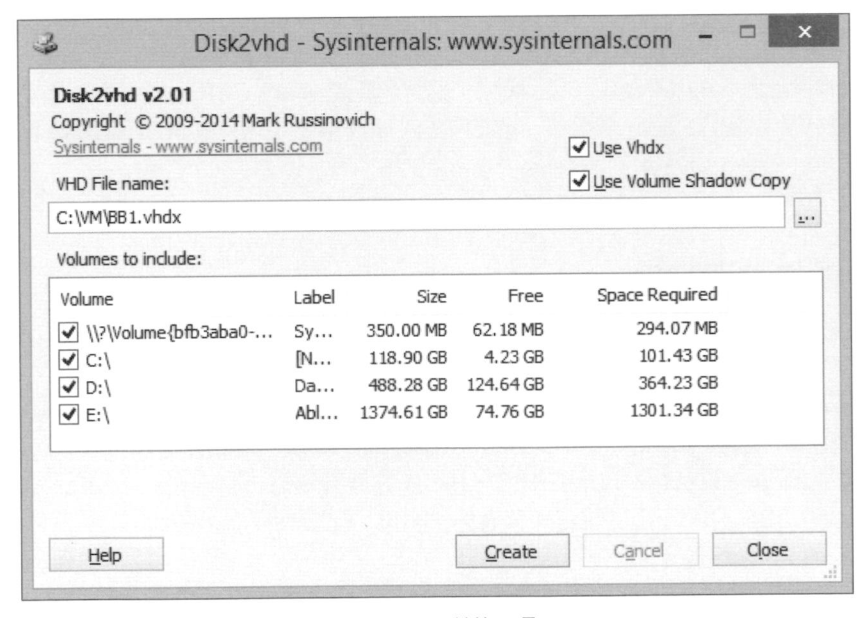

Disk2VHD 轉換工具

跟大多數的 P2V 轉換解決方案一樣，當轉換作業完成後必須要將實體伺服器中，不必要的硬體驅動程式移除才行，舉例來說，我強烈建議移除實體網路卡驅動程式，以及本機印表機驅動程式……等。但是，在實務上還沒有看過因為未移除實體裝置驅動程式，而造成系統故障的情況。

同時，將實體伺服器中相關連接的裝置進行中斷連接的動作。你可以開啟「**裝置管理員**」（**Device Manager**）進行確認，或以系統管理員身分開啟命令提示字元後執行下列指令：

```
set DEVMGR_SHOW_NONPRESENT_DEVICES=1 devmgmt.msc
```

在**裝置管理員**視窗中，請依序點選「**檢視 > 顯示隱藏裝置 > 網路介面卡**」（**View > Show hidden Devices > Network adapters**），點選任何變成**灰色**的項目後按下滑鼠右鍵，在右鍵視窗中選擇「**解除安裝**」（**Uninstall**）項目。倘若，實體伺服器曾經安裝過本地端印表機，也請重複同樣的操作步驟解除安裝，之後請重新啟動主機。此時，轉換後的 VM 虛擬主機已經可以重新上線服務了，有關這部分的詳細資訊請參考 TechNet Wiki 文章《Hyper-V: P2V with Disk2VHD》`http://bit.ly/1mbMfKj`。

目前，最新版本的 MVMC 3.0 當中，已經將原本的 CLI 命令列介面更換為 PowerShell，詳細資訊請參考 TechNet 文件庫《Microsoft 虛擬機器轉換器 3.0》`http://bit.ly/1SUViyK`。

虛擬網域控制站

現在，你已經了解有關 V2V 及 P2V 的最佳建議作法，如何將其它虛擬化平台的 VM 虛擬主機，或是實體伺服器的工作負載轉換到 Hyper-V 虛擬化平台。但是，在 P2V 實體轉虛擬的部分，還有 2 個特殊的工作負載值得你注意，分別是 **SBS**（Small Business Server）及**網域控制站**。首先，不要針對安裝 SBS 的實體伺服器進行 P2V 轉換，因為此作業系統已經過時並且相關技術支援已經終止，你應該建立一台全新的 VM 虛擬主機，然後嘗試將 SBS 目前所提供服務轉移過去。如果，你順利擺脫舊有的 SBS 作業系統，相信客戶的 IT 管理人員會愛上你的。

第 2 個值得注意的工作負載，就是將網域控制站虛擬化是否是個好主意？如果在你的運作環境中，已經有建立實體網域控制站，那麼你可以進行 P2V 轉換程序。但是，通常我會部署一台新的 DC 網域控制站，然後再將舊有的網域控制站刪除，比起 P2V 轉換這樣的速度更快更不容易發生問題。

但是，適合將所有網域控制站都虛擬化嗎？ 答案是否定的，雖然網域控制站也可以在 VM 虛擬主機中運作，但是由於時間同步的問題，以及可能發生 DC 網域控制站與 Hyper-V 主機，發生雞生蛋或蛋生雞的相互依賴問題。因此，建議在每個 Active Directory 網域中，至少應保留 **1 台**實體主機的網域控制站，雖然絕對有可能克服這個限制，但目前來說並不值得冒險因為這並非最佳建議作法。

有關網域控制站虛擬化的詳細資訊，請參考 TechNet 文件庫《Active Directory 網域服務（AD DS）虛擬化》文章 `http://bit.ly/1NhF6Z9`。

結語

這是本書最後一個章節，你已經閱讀並學習到許多 Hyper-V 的最佳建議作法。同時，你也學習到如何快速部署 Hyper-V、HA 高可用性機制、備份及災難復原、異地備援……等解決方案，並且了解如何針對儲存資源及網路環境，進行最佳化組態設定及效能調校，以及結合 System Center 管理解決方案，以便管理中大型運作規模的 Hyper-V 虛擬化環境。最後，你也知道如何將異質的虛擬化平台，或是實體伺服器的工作負載，轉換或遷移到 Hyper-V 虛擬化平台上繼續運作。這一切的結論便是，你的 Hyper-V 技術已經可以規劃建置及維護線上營運服務了！

中文原創經典系列

「中文原創經典」是博碩文化針對IT類中文書籍所規劃的經典系列，本系列的書籍都是作者多年來的智慧結晶，不但經得起時間的考驗，也是難得一見的作品。

有別於「名家名著」系列，本系列的原文即為中文，因此語法上更適合台灣人閱讀，採用的案例也更接近於您所接觸的專案。

程式碼的可讀性、可擴展性、可測試性是攸關程式碼品質的重要參考指標，而本書即要教您如何寫好程式。

書號：MP11615
定價：260元

為您抽絲剝繭揭程式碼背後少為人知的本質與電腦系統運作機制。

書號：MP11527
定價：490元

當高深的程式設計思想遇到個性鮮明的標點符號，一場精彩又深入淺出的課程就此展開...

書號：MP11526
定價：490元

我們需要的是一本真正適用於台灣真實情況的重構書籍，而本書就是您最佳的選擇。

書號：PG21454
定價：390元

很難想像，在一個簡單的專案中也能把GoF的23個模式都套用進去，但這本書幾乎做到了！

書號：MP21515
定價：490元

邏輯腦系列 最適合CPE大學程式能力檢定參考書

《培養與鍛鍊程式設計的邏輯腦：程式設計大賽的解題策略基礎入門(第二版)》與《培養與鍛鍊程式設計的邏輯腦：世界級程式設計大賽的知識、心得與解題分享(第二版)》在定位上有所不同，《程式設計大賽的解題策略基礎入門(第二版)》著重在「培養」，而《世界級程式設計大賽的知識、心得與解題分享　(第二版)》則是著重在「鍛鍊」。

這兩本書提供了學生對應CPE檢定的完整學習路徑，尤其CPE的題庫超過千題，想要完全靠死記來應付，實在有所困難，而透過本系列的學習，相信能讓讀者在遇到陌生考題時，併發出更多解題思緒的靈感。

培養與鍛鍊程式設計的邏輯腦：程式設計大賽的解題策略基礎入門(第二版)

江任捷 著　　書號：MP21605　定價：280元

打造出程式設計師的邏輯大腦

本書可作為CPE大學程式能力檢定最佳參考入門用書。內容共整理了10個基礎的演算法設計技巧，以10個章節分別介紹。
每個章節藉由大量的實際範例，讓您直接體會這些技巧的運用方式。這些技巧不單只用來設計演算法，也能當作解決問題的基本原則。而各章節末皆有一連串精心設計的習題，建議您細細品味，嘗試手腦並用解決這些習題，相信有意想不到的收穫。

培養與鍛鍊程式設計的邏輯腦：世界級程式設計大賽的知識、心得與解題分享(第二版)

秋葉拓哉、岩田陽一、北川宜稔 著／博碩文化編譯
書號：PG21319　定價：520元

CPE！ CPE！ CPE！

CPE的考題大多來自於各大程式設計競賽，題目衆多，若不先經過專家的整理與歸類，確實難以準備！
本書分析了各大程式設計競賽的題目，將之區分類別與難易度，按照循序漸進的方式，引導您逐步解題，提示您看到哪類題目時，應該如何思考，可以套用那些資料結構與演算法，讓您在CPE考試中無往不利！